海上风电
运营优化及发展研究

赵东来　著

图书在版编目（CIP）数据

海上风电运营优化及发展研究/赵东来著. —北京：中国电力出版社，2021.11
ISBN 978-7-5198-6046-2

Ⅰ. ①海…　Ⅱ. ①赵…　Ⅲ. ①海风–风力发电–发电厂–运营管理–研究　Ⅳ. ①TM614

中国版本图书馆 CIP 数据核字（2021）第 195965 号

出版发行：中国电力出版社
地　　址：北京市东城区北京站西街 19 号（邮政编码 100005）
网　　址：http://www.cepp.sgcc.com.cn
责任编辑：石　雪（010-63412557）　马雪倩
责任校对：黄　蓓　王海南
装帧设计：郝晓燕
责任印制：钱兴根

印　　刷：北京天宇星印刷厂
版　　次：2021 年 11 月第一版
印　　次：2021 年 11 月北京第一次印刷
开　　本：710 毫米×1000 毫米　16 开本
印　　张：9
字　　数：165 千字
定　　价：39.00 元

前言

东部及东南部沿海地区是我国经济中心和电力消费中心。随着电力需求持续增长，我国东部及东南沿海地区受环境容量限制，难以依靠本地电力生产的增长来满足需求，电力外送依存度持续上升。目前，为持续提升向这些地区的电力输送能力，西部、北部和西南部等地区已建成多个大容量远距离输电工程，这增加了系统安全运行的难度，同时受输电走廊资源的限制，难以持续满足清洁电力供应大规模增长的需求。沿海地区海上风电资源丰富，靠近负荷中心，在能量密度、电能质量和环境影响等方面具有独特优势，将成为未来东部及东南沿海经济发达地区新增清洁能源供应的重要来源。然而，我国海上风电发展起步较晚，如何实现海上风电有序规划、协同优化运营和科学发展是亟待研究解决的重大课题。

本书围绕持续提升我国海上风电运营和发展绩效这一关键问题开展系统研究，主要研究内容如下：一是基于 PEST 模型开展了我国海上风电影响因素及存在问题研究；二是开展了计及负荷增长的海上风电有序规划分析理论与模型研究；三是构建了海上风电汇集与并网方式经济性优化模型，对海上风电典型汇集和并网方式进行了对比研究；四是对海上风电与多能源系统协同优化模型与方法开展了研究；五是提出了我国海上风电综合效益评价方法；六是提出了我国海上风电的发展模式和政策建议。

本书研究成果为我国海上风电有序发展规划和优化运营提供了可供借鉴的分析手段和模型，所提出的相应政策和保障措施建议，对于我国海上风电的健康发展具有重要的参考价值。

目 录

第 1 章

绪　论

1.1　研究背景及意义

一、研究背景

（一）发展新能源是我国未来能源转型的主要途径，能源转型的主要战场在东部及东南沿海负荷中心区域

随着对煤炭等传统化石能源的过度开发，人类生存环境已受到严重威胁，生态环境、气候变化等问题日益引起世界各国的重视。应对全球变暖、环境恶化等问题，进行能源低碳转型刻不容缓，国际社会达成了走低碳清洁发展道路的共识。习近平主席在巴黎气候变化大会等多个国际场合郑重承诺，到 2020 年我国实现非化石能源比重达到 15%左右，到 2030 年达到 20%左右。随着《巴黎协定》正式生效，这将成为我国需要完成的约束性指标。发展风电、光伏等可再生能源已成为世界各国推进能源转型和应对气候变化的主要途径，也是我国当前推进能源生产和消费改革、促进大气污染防治的重要手段。

我国北京、上海、天津、河北、辽宁、山东、江苏、浙江、福建、广东、广西 11 个沿海经济地区，2018 年电力消费占比超过全国一半，2018 年区域内电力生产占全社会用电量的比例为 78.36%，电力外送依存度为 21.34%，相比于 2016、2017 年，呈现持续增长的趋势。这些地区的环境压力仍然较大，节能减排的压力仍然突出，能源转型的需求日益迫切。2017 年，我国沿海地区非水可再生能源比重平均 4.8%左右，仍然偏低。2021 年及以前，大部分沿海省份煤电发展仍然处于被严控的态势。未来，东部、东南部沿海负荷中心区域，将成为我国能源转型的主战场。

（二）陆上远距离清洁能源消纳存在瓶颈，本地分布式新能源发展空间有限

2018 年，我国非化石能源消费量达到 14.3%，距离 2020 年 15%目标要求差 0.7%。对比 2030 年目标，我国非化石能源发展空间巨大，受水电开发难度日益增加的影响，风能、太阳能等新能源发展的速度和规模将进一步得到提升。然而，由于我国陆上清洁能源集中在西部、北部地区，而负荷则集中在东部及东南部地区，陆上清洁能源与负荷中心呈现逆向分布的格局。尽管陆上新能源发展呈现爆发式增长，但因西北部地区离负荷中心远、本地负荷不足，系统消纳能力弱，导致弃风弃光的问题一度严重。

2015—2016 年，西北部分地区弃电率高达 30%，通过采取拓宽新能源消纳渠道、新建跨区输电工程、增加新能源市场化交易等手段，弃风弃光问题有所缓解。但根据国家能源局最新统计，2018 年全国可再生能源发电量为 1.87 万亿 kW • h，占全部发电量 26.7%，其中全国弃风率 7%、弃光率 3%、弃水率 5%。在西北五省（区），弃风电量 168.37 亿 kW • h，弃风率 16.21%，弃光电量 47.14 亿 kW • h、弃光率 8.91%。产生这一现象的原因主要包括：电网建设与新能源发展不协调、不匹配，个别地区消纳能力不足；部分时段系统调峰能力不足；局部新能源富集地区通道送出受限等。

尽管国家发展改革委、国家能源局已联合下发《清洁能源消纳行动计划（2018—2020 年）》（发改能源规〔2018〕1575 号），要求到 2020 年基本解决清洁能源消纳问题，但电源与负荷远距离的逆向分布问题难以从根本上解决，未来陆上新能源发展空间仍将受距离负荷中心远、送电能力有限等条件限制，天然逆向格局限制了新能源消纳能力，无法满足三北地区陆上新能源消纳的需求。

综上，当前我国陆上新能源发展的瓶颈主要是总量超发，缺乏协同调控。一方面，由于通道、落点局限以及对系统安全性的影响，西部地区集中式陆上风电和光伏发电在东部地区的消纳能力存在瓶颈；同时，西部地区地方政府发展可再生能源的愿望强烈，且持续推动跨区远距离消纳，但受远距离输电容量限制，弃风和弃光现象严重，即使输送到东部地区的电能也远远不能满足当地发展需求。另一方面，东部和东南部经济发达地区分布式可再生能源可开发容量有限，但这些地区的用电需求持续增长，故如何提升新能源占比，完成能源转型成为当前面临的主要问题。

（三）海上风电成为国际研究和开发的热点，我国海上风电发展空间巨大

海上风能资源丰富，且发电性能稳定，已经成为各国新能源增长的重要方向，也是能源转型发展的重要手段，世界上多个国家制定了相关政策予以支持，已成为能源发展的研究热点。根据国际能源署研究结果，按国家划分评估海上

风电技术潜力，基于最新全球风速和天气数据，海上风电技术潜力为36 000TW・h/年，适用于在60m深、距离海岸60km以内的水域安装，而目前全球电力需求为23 000TW・h。浮动涡轮机从海岸向更深处移动，可以释放出足够潜力，满足2040年全球总电力需求的11倍。

世界各国政府陆续推出了相应政策支持海上风电发展。英国、德国、荷兰和丹麦等欧洲国家提出了海上风电支撑政策。尽管海上风电在我国发展较晚，但目标是到2020年开发1000万kW（包括建成500万kW、在建500万kW）。此外，美国、韩国、日本、中国和越南等国家或地区均制定了相关支持政策。预计到2030年，欧盟海上风电装机将至少增加4倍，在21世纪40年代成为欧盟最大的电力来源。

我国海岸线大约长1.8万km，可开发海上风电资源潜力巨大。根据风能普查资源成果，我国海上风力资源从最为丰富的台湾海峡出发向南、北延伸呈递减趋势，主要分布在东部及东南沿海地区。

（四）发展海上风电是我国能源转型重要途径，科学有序发展面临相关问题

海上风电对于持续、安全、清洁满足东部负荷中心能源电力需求而言，具有独特优势，未来势必得到有序、高质量发展。我国海上风电发展总体仍处于起步阶段，由于存在能源生产和消费的逆向分布特征，以及相对复杂的能源结构，且总体发展环境相对国外而言更为复杂，没有成熟经验可以复制借鉴。海上风电发展和运行的总体成本偏高，存在无序发展、割裂运行等问题，效益未能得到充分发挥。为此，必须有序开发海上风电资源，并将海上风电与其他能源进行优化运营，发挥其最大效益。

二、研究意义

由于我国能源资源与负荷需求的逆向分布，注定陆上新能源开发难以无限扩张，而海上风能资源靠近负荷中心，巨大的负荷规模为消纳海上风电提供了得天独厚的条件，因此，海上风电将是我国未来新能源的新增长点。但海上风电发展面临若干挑战，可能会减缓其在成熟和新兴市场增长，需要从多个方面进行基础理论研究和政策机制分析。同时，围绕海上风电运营优化和有序发展提供理论服务和技术支持，保障项目开发效益。

此外，通过开展海上风电运营优化、与多能源协调运行及综合效益评价等理论方法研究，可为解决我国海上风电发展所面临的突出问题提供方法支撑和技术指导，能够解决海上风电发展规划、并网优化及其与其他能源电源的优化协同运行等问题，对提高海上风电的运行效率、决策效果、运营效益具有重要参考价值，对于东部负荷中心城市更好地实现能源电力的清洁安全供应具有重要意义。

1.2 主要内容和研究思路

一、研究内容

考虑投资效益和电力消纳等现实因素，本书针对东部、东南部及南部靠近负荷中心的海上风电发展开展研究，围绕海上风电发展中的规划方法、汇集和并网方式、调控运行、项目评估和政策建议等方面开展研究。具体如下：

（1）研究海上风电发展过程中面临的问题，分析我国海上风电主要影响因素。第 3 章围绕该部分内容展开，通过研判海上风电的优势与劣势，梳理海上风电发展面临的问题，总结棘手的问题，为确定研究对象提供依据。

（2）研究海上风电有序规划分析模型。第 4 章围绕该内容展开，主要解决在一定负荷水平和系统特性情况下如何选择海上风电发展规模以避免造成资源浪费的问题，为海上风电有序健康发展提供规范分析方法支撑。

（3）研究海上风电汇集及并网方式的经济性优化方法。第 5 章围绕该部分展开，在综合比较研究不同的汇集与并网方式基础上，构建经济性优化的分析模型，可解决如何通过计算分析、对比选择实现汇集和并网方式优选的问题，为海上风电并网优化提供分析方法和模型支撑。

（4）研究海上风电接入电力系统后与系统中各类电源设施的协同控制方法和模型。第 6 章围绕该内容展开，可解决海上风电并网后如何与系统协调控制、统一优化的问题，为海上风电调控运行提供理论依据。

（5）研究海上风电发展综合效益评价方法，建立项目综合效益评价模型。第 7 章围绕该内容展开，主要针对海上风电项目如何实现综合效益评价的难题，为综合海上风电项目发展经验、存在问题和下一阶段科学决策提供参考和依据。

（6）研究海上风电发展政策建议。第 8 章围绕该内容展开，通过总结第 3 至第 7 章研究成果，从政策和技术上提出支撑海上风电发展的政策建议，为有关海上风电政策出台提供决策参考，支持海上风电顺利发展。

二、研究思路

本书调研并识别海上风电发展面临的关键问题，针对这些问题运用相关基础理论研究构建分析方法和模型。紧密结合海上风电发展现状、政策环境和技术经济特性，从海上风电发展政治、经济、社会和技术四个方面分析当前海上风电产业的发展现状和影响因素，梳理海上风电发展过程中存在的主要问题和突破难点；结合我国新能源发展整体趋势分析影响海上风电发展的主要制约要点；通过综合运用创新的评价方法和系统优化方法，构建有序规划、并网优化、协同运行优化以及综合效益评价等方面的分析模型，以解决目前海上风电发展中的规划与负荷及电网如何协同、并网系统及其技术经济对比优化、与域内外多类型电源如何协调运行以及海上风电项目效益综合评价和结果分析等突出问题，基于规划方法、汇集并网优化、协同运行策略和综合效益评价等研究成果，提出海上风电发展的建议与意见，服务于海上风电实际发展需求。

1.3 技 术 路 线

按照“诊断问题、寻找方法、解决问题”的技术路线，结合研究内容和研究思路，形成主要技术路线如图 1-1 所示。

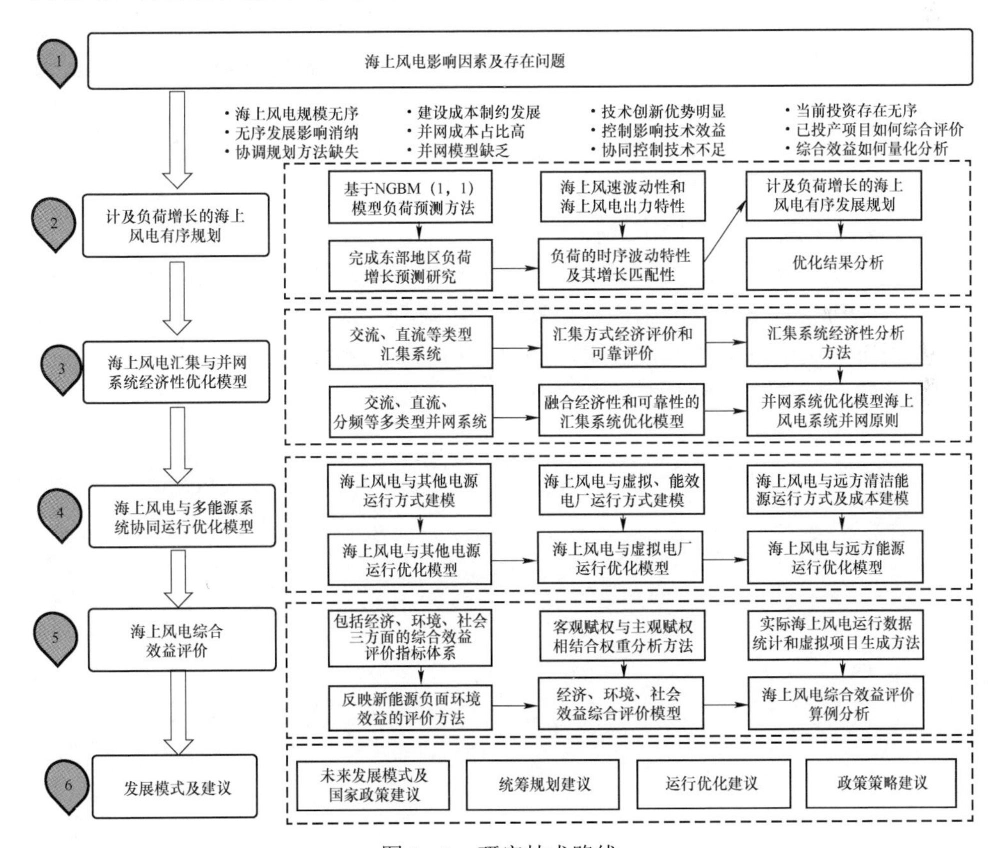

图 1-1 研究技术路线

第一步，研究分析海上风电影响因素及存在问题。运用影响所有产业和企业的宏观因素（PEST）分析［其中 P 是政治（politics），E 是经济（economy），S 是社会（society），T 是技术（technology）］，识别海上风电的主要影响因素，并研判面临的主要问题，以便在接下来的研究中确定研究目标。

第二步，针对海上风电发展规模与发展节奏缺乏理论支撑的问题，开展海上风电发展与负荷增长的协同规划模型研究。在汇总分析我国海上风电中远期规划的基础上，研究海上风电与负荷中心地区实际需求增长的匹配性，建立旨在提升投资效益的有序规划分析模型。

第三步，从海上风电汇集与并网方式经济性优化上开展研究。利用接线方式经济性评估和可靠性评价方法研究海上风电汇集方式的优化方法，以经济性为目标优选海上风电并网方式，提出相关优化方法，以解决并网方式优化论证不足的问题。

第四步，针对海上风电作为一种新型特性的电源加入电力系统，需要与电力系统多种形式能源协同优化的问题开展研究，分别研究不同类型电源、新型电源运行控制技术、灵活性负荷资源以及远方清洁能源的协同优化方法，为海上风电的协同运营与调控提供优化分析方法。

第五步，研究海上风电综合效益评价方法。从经济、环境和社会三方面建立项目综合效益评价指标体系，并基于主客观赋权法建立了综合效益评价模型，为海上风电项目评价决策提供参考。

第六步，研究提出我国海上风电发展模式与政策建议。借鉴国际海上风电发展的成功经验与政策机制，根据海上风电规划、运营和决策的优化需求，分析我国海上风电发展的政策需求，提出有利于提升和保障我国海上风电发展综合效益的发展模式、产业政策和措施建议。

第2章

相关基础理论

开展海上风电运营优化和发展研究，需要考虑海上风电发展与负荷增长的匹配、合理选择汇集与并网方式、多种能源的协同运行优化及综合效益评价等问题，就需要大量的技术经济、优化理论、电力规划等相关基础理论。为此，本章重点介绍后续章节中所需的基础理论及相关算法，主要包括综合效益评价理论、综合成本分析理论、电力规划基础理论、复杂优化问题的智能算法、负荷预测方法等。

2.1 综合效益评价理论

综合效益评价一般是针对某一项目或行业开展效益评价。项目综合效益是项目各方面效益的有机组合，一般包括多个方面：按影响范围分，主要包括地区效益、国家效益等；按计量情况分，包括数量化效益与非数量化效益；按其性质分，有经济效益、技术效益、环境效益和国民经济效益等。项目综合效益评价需要对项目投资效益开展综合评价才能进行量化和鉴别。综合效益评价是在单项效益评价的基础上进行的，其目的就是要优选出一个具备投资条件的，技术上先进、经济上合理，并且能够同时兼顾企业、国家和社会综合效益的最佳方案。

综合评价是基于系统分析的思想，运用各种数学模型对各种问题进行描述、分析和评价的技术。通过近年来新兴交叉学科的发展，综合评价技术逐渐发展到对具有明显不确定因素问题的深入分析，同时也从对单一事物、现象或因素的研究深入到多事物、多现象及复杂因素的系统研究。目前常用的综合评价方法主要包括：

（1）专家意见法是依据系统程序，采用匿名发表意见的方式，经过反复征询、归纳、修改，最后汇总得出预测结果。运用专家意见法，可对不可量化的影响因素进行权重量化处理，同时为了保证结果的客观性，应寻找数量可观的权威专家进行评价，并与客观实际相结合。

（2）层次分析法是20世纪70年代初兴起的一种基于层次权重决策分析方法。而网络层次分析法是在层次分析法方法上形成的一种实用决策方法，其影响网络结构如图2－1所示。可以看出，网络层次分析法既具有递阶层次结构，其内部循环也可以相互支配，且各层次结构之间还具有依赖型和反馈性。

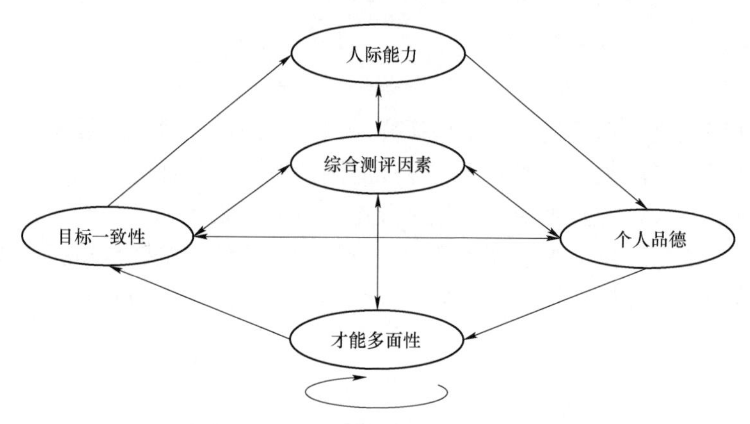

图2－1　具有内部依赖关系的ANP模型

（3）模糊综合评价法的基本思路是首先建立被评价对象的目标集和评语集，并确定各自的隶属度向量以及评价指标模糊权向量，进一步通过对单性指标评价的分析综合得出多指标综合评价结果。

（4）灰色综合评估法是基于灰色关联分析理论的综合性评估方法。灰色综合评估法主要评价过程是：首先建立灰色综合评估模型；其次结合层次分析法对各种评价因素进行权重选择；最后进行综合评估。

（5）数据包络分析法适应用于多投入多产出的多目标决策单元的绩效评价。其特点是以相对效率为基础，根据多指标投入与产出，评价相同类型的决策单元的有效性。

本书在项目投资效益综合评价方面，采用主观与客观相结合的权重分析方法，构建海上风电发展综合指标评估模型，有助于实现项目投资策略优选的决策判断。

2.2 综合成本分析理论

在针对海上风电的综合成本分析及评估方面，有文献提出了海上风电经营期成本计算模型；有文献建立了基于全寿命周期成本的并网方式优选模型；有文献采用两种持续性预测模型对风电场成本进行了评估；有文献在考虑了水深等级和离岸距离等因素，开展了电价测算，提出了海上风电电价政策；有文献提出了一种计及风电随机、波动性的风电场发电成本模型；有文献研究了风电场成本对市场价格的影响；有文献建立了基于电力系统供电成本模型对风电场经济性进行了分析；有文献提出了等电量顺负荷计算模型；还有文献提出了电力系统运营管理成本控制方法。

对于近海负荷中心电力系统而言，海上风电综合成本主要由直接成本和间接成本两方面构成。对于本书主要研究的东部负荷中心受端电网来说，电力系统用户的电能成本是在原有系统成本的基础上增加了海上风电带来的成本。由于海上风电发展会影响电网受电规模，因此也需分析远方清洁能源成本等因素。

2.3 电力规划基础理论

电力规划基础理论主要是采用数学模型的形式进行表示，需要采用相应的数学工具求解。常用的规划模型包括以下几类：

（1）动态规划模型。对于多时段电网动态规划模型常采用动态规划法进行求解。该方法从应用角度而言比较适合求解小规模动态优化问题。对于电网规划之类的较大规模问题，一种可行的方法是采用倒推法求解形成目标对象的最优路径，形成伪动态模型，在一定程度上减少了计算量，但规划结果是否全局最优目前还缺乏严格的理论支持。

（2）混合整数规划模型。电网规划问题可以方便地建成混合整数规划模型的形式。分支定界法、割平面法是求解混合整数规划模型的两类重要的精确算法。目前，在电网规划问题求解中应用较广的是分支定界法。分支定界法与割平面法的主要缺点在于存在维数灾难问题，当系统规模较大时，算法的计算量非常大，限制了他们的应用。

（3）Benders 分解规划模型。线路投资决策变量是离散化的整数变量，因此电网规划模型的一般形式为混合整数规划模型。应用 Benders 分解法能够将问题分解为多个子问题；然后对子问题进行迭代求解获得最优解。Benders 分解法的求解难点在于投资子问题是整数规划问题，该子问题求解难度较大，计算效率较低，影响了 Benders 分解算法整体计算效率。

（4）双层规划模型。双层规划数学模型是 McGill 和 Bracken 在 1973 年提出的。双层规划模型在电力系统中应用的一般形式为：

$$\begin{aligned} &\min F=F(x,y)\\ &\text{s.t.}\quad G(x)\leqslant 0\\ &\min v=f(x,y)\\ &\text{s.t.}\quad g(x,y)\leqslant 0 \end{aligned} \tag{2-1}$$

式中 F——上层规划目标函数，其决策变量分别为 x，y；

v——下层规划目标函数，其决策变量分别为 x，y；

$G(x)$——上层规划约束函数；

$g(x,y)$——下层规划约束函数。

2.4 复杂优化问题的智能算法

对于求解多目标、多约束的复杂决策问题，常用运筹学来构建模型。该类方法包括线性优化方法、有无约束问题的最优化方法、智能算法等。在本书中，最优化原理与方法是求解各种协调控制模型的主要手段，是重要数学工具。针对复杂的电力系统经济优化问题，一般采用现代启发式算法进行求解。主要算法简单列举如下。

（1）模拟退火算法。模拟退火算法具有防止陷入局部最优的优点，适用于单点寻优，当用于求解多目标最优解时，耗时较长，求解较为困难，因此通常与其他算法相结合，扬长避短。

（2）遗传算法。遗传算法是基于生物学的一种算法。遗传算法首先将规划方案进行编码转变为染色体，并选定初始可行解，进一步以适应函数的优劣来控制搜索方向，通过遗传、交叉、变异等操作不断迭代计算，收敛到最优解。遗传算法相较于传统算法具有搜索路径多、隐并行性、随机操作等特点，但也存在计算速度慢、容易陷入局部最优等缺点。

（3）禁忌搜索法。禁忌搜索法的基本思想是通过记录搜索历史，从中获得知识并指导后续的搜索方向，以获得全局最优解。禁忌搜索法具有效率高、收敛速度快的优点，但收敛受初始解影响较大。

（4）粒子群算法。粒子群算法通过记忆与反馈机制实现了高效的寻优搜索，其特点是计算速度收敛速度快，可较好地解决大规模数学优化的问题，但粒子群算法的收敛性受参数以及初始粒子分布的影响较大。粒子群算法具有收敛快速优点，可在设置一个可行的初始粒子分布后解决无法搜索到全局最优解的问题。

综合比较各种主流智能优化算法的优劣势，本书主要考虑遗传算法和粒子群算法来求解关于海上风电发展方面的优化问题。研究过程中，本书将改进传统遗传算法的效率，并将其用于宏观问题的优化，而粒子群算法则主要应用于求解运行优化等方面的模型。

2.5　负荷预测方法

（1）回归分析法。采用回归分析法时，首先对相关要素的已知信息或历史数据进行回归分析，再通过所确定的关系对未来做出预测。回归分析法能计及负荷与社会和经济因素影响，具有将负荷增长趋势有其他可测因素关系可视化的优点；但这种方法要求样本量大，且对样本数据的分布规律和发展趋势具有一定要求。

（2）灰色预测法。灰色系统理论是由我国学者邓聚龙教授提出，该方法将系统内部的状态信息不完全的系统称为灰色系统。考虑到我国电力系统的复杂性就多样性，该方法成为可行的一种预测方法。此外，该方法有要求原始数据少、对样本数据规律及趋势无特殊要求等优点，使得其在电力和其他行业中得到广泛应用。

（3）BP 神经网络预测方法。人工神经网络由许多神经元构成且允许多个输入和一个输出，同时各神经元之间可以构成不同的神经网络模型。该方法的训练过程为：首先赋予初始权值一个随机值并计算求解出输出值，然后将计算得到的输出值与目标值进行对比得到两者误差，根据两者之间的误差和相应修改准则逐层修改权值，最终得到权值系数并建立模型。

第 3 章

我国海上风电影响因素及存在问题

为做好海上风电运营优化与发展研究，本章首先调查研究了我国海上风电发展现状；其次利用 PEST 分析模型分析影响海上风电的主要因素，研判海上风电发展过程可能遇到的主要问题；最后根据存在问题，聚焦海上风电运营优化与发展的改进方向，为确定本书的研究重点提供依据。

3.1 基于 PEST 模型的我国海上风电影响因素分析

2010 年，中国首个海上风电项目——上海东海大桥海上风电项目并网发电，总装机容量为 10 万 kW，是亚洲第一个大规模海上风电场。2010 年，我国招标推出首批 4 个海上风电特许权招标项目，总装机容量达到 100 万 kW。2014 年，国家能源局《全国海上风电开发建设方案（2014—2016）》提出了共计 44 个海上风电项目的实施规划，总装机容量跃升为 1053 万 kW。截至 2018 年，我国海上风电装机总容量已经达到 444.5 万 kW。对比发展实际与规划完成情况可以发现，我国海上风电正处在发展初期，尚未建立成熟高效的海上风电市场，呈现试点多、规划总量大但实际投产少、目标明确但市场热情不高的特点。建成投产的项目多为试验或示范项目，海上风电作为具备竞争力的电能选项仍未被市场接纳，其关键原因在于海上风电成本居高不下，投资收益难以得到保障，导致市场热情并不高涨。对此，运用 PEST 模型对影响我国海上风电发展的因素进行分析。

3.1.1　我国海上风电政治环境影响因素

履行清洁发展的国际社会责任、提高国家能源供应安全，要求加快发展海上风电。为了应对全球气候变化，世界各国政府的能源发展战略都采用了更加积极的低碳路径，大力发展可再生能源，加大温室气体减排力度，积极寻求绿色能源替代方案，推动经济发展低碳转型，天然气和非化石能源成为世界能源发展的主要方向。减少温室气体排放，实施节能减排已成为世界绝大多数国家应对气候变化的共识，但同时我们也必须看到，目前国际形势复杂多变，全球应对气候变化形势变得复杂严峻，给全球低碳化进程带来消极影响。

与此同时，世界能源博弈焦点已从传统的能源资源控制向市场占有、货币结算和发展主导等领域扩展。中东和北非地区政局长期混乱，极端恐怖主义出现向外蔓延趋势，国际海陆能源战略通道受地区政治动荡影响加大，世界能源供应不稳定、不确定因素明显增多。从国内看，未来一段时期内，我国石油和天然气消费量仍将保持增长趋势，油气的进口量处于不断上升态势，石油对外依存度预计将突破 70%，天然气对外依存度也将突破 50%，能源总体对外依存度将超过 20%，已经波及和影响到大宗石油、天然气进口，今后我国面临的国际政治经济环境趋向恶劣，能源安全形势的不稳定性大大增加，保障我国能源供给安全的难度也不断增加。

我国始终致力于节能减排工作，大力推进生态文明建设，为全球经济发展注入正能量和新动力。2014 年，习近平总书记提出我国能源安全发展的“四个革命、一个合作”战略思想，为我国能源系统产业升级指明发展方向。2015 年，首次提出“创新、协调、绿色、开放、共享”五大发展理念，为我国长期发展描绘出新蓝图。2016 年，正式签署《巴黎协定》，2030 年左右使非化石能源占一次能源消费比重达到 20%左右，并争取尽早实现二氧化碳排放达到峰值，这是我国政府向全世界做出的庄严承诺。在党的十九大报告中，习近平总书记宣布我国经济已由高速发展阶段进入高质量发展阶段。经济高质量发展离不开能源高质量发展，能源发展的主要任务已从保供给转向控制总量、提升质量、保障安全。

由于环境保护、生态红线以及消纳限制等诸多因素影响，大规模增长的空间受限。我国海上风电可开发资源潜力巨大，且靠近负荷中心，将是未来替代化石能源的重要战略选择。履行国际社会责任，降低我国能源对外依存度，必须进一步加快海上风电的开发利用。

陆上新能源补贴政策发挥过显著的激励作用，海上风电发展需要在一定时期内实施补贴。为支撑我国新能源发展，在具备新能源基本平价上网的形势下，我国又适时出台了新能源补贴退坡政策，有效促进了陆上风电和光伏产业发展。2009 年，国家发展改革委将全国分为Ⅰ～Ⅳ四类风能资源区（见表 3－1），制定的相应标杆上网电价分别为 0.51、0.54、0.58、0.61 元/（kW·h）。

表 3－1　全国风能资源区

资源区	各资源区所包括的地区
Ⅰ类	内蒙古自治区除赤峰市、通辽市、兴安盟、呼伦贝尔市以外其他地区；新疆维吾尔自治区乌鲁木齐市、伊犁哈萨克族自治州、克拉玛依市、石河子市
Ⅱ类	河北省张家口市、承德市；内蒙古自治区赤峰市、通辽市、兴安盟、呼伦贝尔市；甘肃省嘉峪关市、酒泉市
Ⅲ类	吉林省白城市、松原市；黑龙江省鸡西市、双鸭山市、七台河市、绥化市、伊春市，大兴安岭地区；甘肃省除嘉峪关市、酒泉市以外其他地区；新疆维吾尔自治区除乌鲁木齐市、伊犁哈萨克族自治州、克拉玛依市、石河子市以外其他地区；宁夏回族自治区
Ⅳ类	除Ⅰ类、Ⅱ类、Ⅲ类资源区以外的其他地区

2014 年底，国家发展改革委将第Ⅰ、Ⅱ、Ⅲ类资源区风电标杆上网电价降低 0.02 元/（kW·h）。2015 年，再次将上述三类地区风电标杆上网电价降低 0.02 元/（kW·h），第Ⅳ类资源区降低 0.01 元/（kW·h）。2016 年 12 月，大幅下调 2018 年起风电标杆上网电价，Ⅰ～Ⅳ四类资源区的电价相比 2017 年分别降低了 0.07、0.05、0.05 元/（kW·h）和 0.03 元/（kW·h）。

2018 年 5 月，国家能源局发布《关于 2018 年度风电建设管理有关要求的通知》，对尚未印发 2018 年度风电建设方案的省（区、市），新增集中式陆上风电和未确定投资主体的海上风电项目应全部通过竞争方式配置和确定上网电价，但 2019 年起则全部通过竞争方式配置和确定上网电价；申报电价为合理收益条件下测算的 20 年固定上网电价。

2019 年 5 月，国家发展改革委在《关于完善风电上网电价政策的通知》中提出，2019 年Ⅰ～Ⅳ类新核准陆上风电指导价分别调整为 0.34、0.39、0.43、0.52 元/（kW·h）（含税、下同）；2020 年进一步调整为 0.29、0.34、0.38、0.47 元/（kW·h）。自 2021 年 1 月 1 日起，新核准的陆上风电项目全面实现平价上网。

我国风能资源区划分和风电标杆电价变化如图 3－1 所示。

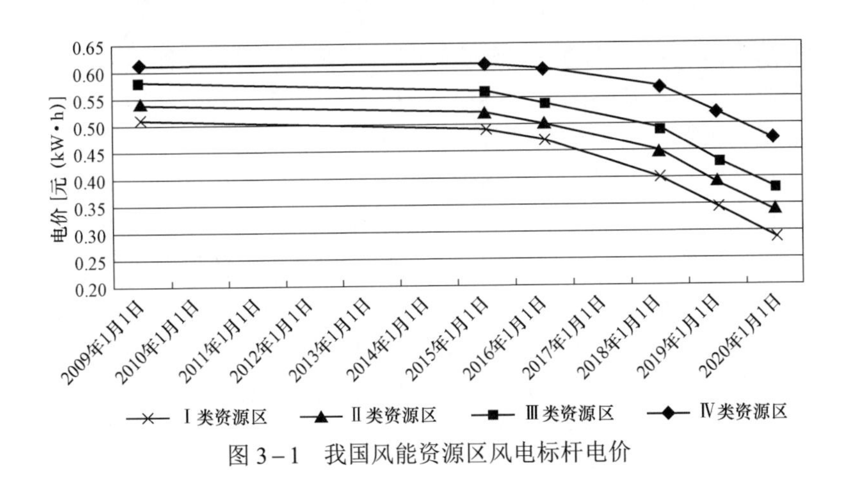

图 3-1　我国风能资源区风电标杆电价

我国光伏资源区划分如表 3-2 所示。光伏发电标杆上网电价的制定始于 2011 年 7 月 24 日，先后经过了 6 次降价。2019 年国家发展改革委发布的《关于完善光伏发电上网电价机制有关问题的通知》（发改价格〔2019〕761 号）中将集中式光伏电站标杆上网电价改为指导价。我国光伏发电标杆电价的如图 3-2 所示。

表 3-2　　全国光伏资源区

资源区	各资源区所包括的地区
Ⅰ类	宁夏，青海海西，甘肃嘉峪关、武威、张掖、酒泉、敦煌、金昌，新疆哈密、塔城、阿勒泰、克拉玛依，内蒙古除赤峰、通辽、兴安盟、呼伦贝尔以外地区
Ⅱ类	北京，天津，黑龙江，吉林，辽宁，四川，云南，内蒙古赤峰、通辽、兴安盟、呼伦贝尔，河北承德、张家口、唐山、秦皇岛，山西大同、朔州、忻州，陕西榆林、延安，青海、甘肃、新疆除Ⅰ类外其他地区
Ⅲ类	除Ⅰ类、Ⅱ类资源区以外的其他地区

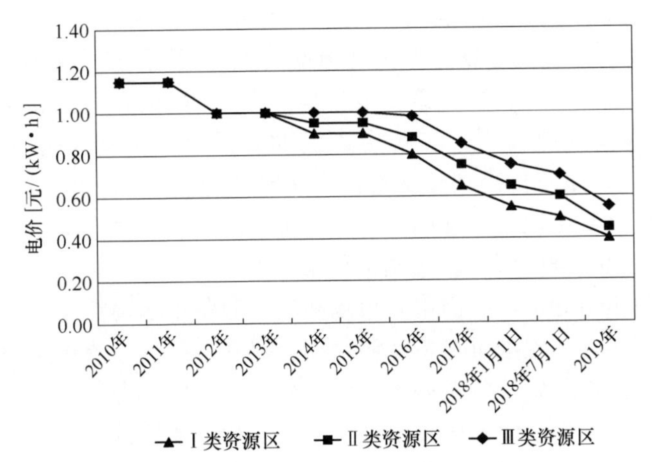

图 3-2　我国光伏资源区光伏标杆电价

我国陆上风电和光伏的发展起步，得益于较强的价格补贴政策，随着技术成熟和规模化发展，补贴的力度逐年下调。这一政策经验，将对海上风电的发展具有积极的借鉴意义。根据 2019 年《关于完善风电上网电价政策的通知》规划，新核准近海风电指导价调整为 0.8 元/（kW・h），2020 年调整为 0.75 元/（kW・h）。我国海上风电未来的发展路径与陆上风电和光伏电站相似，需要经历一段时间的政策补贴期，在产业发展、成本下降的情况下，也会逐渐趋于平价上网。从目前投产运行的项目看，海上风电的上网指导电价远高于当地火电标杆上网电价，说明当前我国对海上风电采取了较大的支持力度。根据预测，当前海上风电的平准化度电成本为 0.646 元/（kW・h），随着政府补贴开始下降后，开发商将面临较大的盈利压力，只有供应链加快成熟完善才能降低投资成本。

电力市场和辅助服务政策，为提高海上风电消纳以及效益提升提供了可选方案，但目前利用不足。国家能源局和国家发展改革委在 2018 年出台了《关于积极推进电力市场化交易进一步完善机制的通知》，在 2019 年出台了《关于全面放开经营性电力用户发用电计划的通知》，进一步扩大售电公司准入和参与交易范围，全面放开经营性计划发用电计划，推进各类发电企业进入市场参与交易。目前，2 个国家级电力交易中心和 33 个省级电力交易中心开展了相对独立运行和规范运作，为电力市场交易提供了机构支撑，我国中长期电力交易机制形成了“年度交易、月度交易、日前交易”多个市场模式。第一批 8 个现货试点省区进入落地实施阶段，全面出台了现货市场方案和交易规则。通过五年的不断实践，我国电力体制改革进入深水区，电力市场建设取得了长足进步。

与此同时，辅助电力服务市场机制也在政策的引导下日趋完善。2017 年国家能源局印发了《完善电力辅助服务补偿（市场）机制工作方案》，提出中国全面推进电力辅助服务补偿（市场）工作的三个步骤，其中第一步是在 2017—2018 年，主要完善现有相关规则条款，落实现行相关文件有关要求，强化监督检查，确保公正公平；第二步是在 2018—2019 年，主要探索建立电力中长期交易涉及的电力用户参与电力辅助服务分担共享机制；第三步是在 2019—2020 年，重点推进现货交易试点并建设电力辅助服务市场。截至 2019 年，我国已在 14 个地区启动电力辅助服务市场机制，建立了市场基本规则体系，全国性的电力辅助服务市场化机制正在形成。

在国家政策引导下，我国电力市场和辅助服务市场逐步完善，在促进电力系统安全稳定运行、促进可再生能源消纳、提升系统调峰调频能力和设备利用效率、推动新技术和新设备发展等方面成效已经显现，为海上风电发展奠定了一定的市场政策基础。但我国目前处于电力现货市场的试点阶段，更处于辅助服务机制的完善期，部分政策仍存在机制不健全、执行不到位、利用不充分的情况。未来随着电力交易机制的进一步改进和电力辅助服务市场的全面成熟，将为促进海上风电消纳和效益提升创造良好的条件。

3.1.2 我国海上风电经济环境影响因素

东部及东南沿海地区仍然是我国经济增长的火车头，清洁能源消费持续增长。2018 年，我国国内生产总值较上一年增长 6.6%，增速在五大经济体中居首位，总规模超过 90 万亿元，是 2000 年的 9 倍，按照平均汇率计算，经济总量达 13.6 万亿美元，稳居世界第二位。持续多年的经济稳步快速增长，也推动了我国的能源消费稳步增长。2018 年，我国能源消费总量 46.4 亿 t 标准煤，同比增长 3.3%，增长速度较 2017 年提高了 0.4%。根据我国“两个一百年”奋斗目标，未来我国经济仍将继续增长，未来能源消费量仍将保持低速增长。预计世界范围内，除煤炭外其他燃料消费量均呈增加态势。未来海上风电的发展经济环境将进一步得到优化，主要原因包括两个方面，一是我国未来稳定的经济增长将带来持续的能源增长，给海上风电的发展提供了消纳潜力；二是未来清洁化的发展趋势也给海上风电发展提供了契机。

以广东、浙江、山东、江苏和福建为主的东部及东南沿海地区经济增速保持在较高水平，已经成为我国重要的能源消费中心和电力负荷中心，其用电规模一直处于全国领先水平。2018 年五省（区）合计用电量达 25 382 亿 kW・h，占全国用电量 37%，是我国西北地区的 6 倍。同时，受到能源资源匮乏，土地资源紧张、环境容量有限、线路廊道资源少等因素影响，这些省（区）的火电装机容量将进一步走弱，外受电增长空间有限，用电缺口将进一步扩大，将出现电力供应紧张局面。

另外，沿海地区陆地可再生能源资源匮乏，目前五个省（区）的非水可再生能源比重仍相对较低。2018 年，广东、江苏、山东、浙江和福建非水可再生能源电力消纳量分别为 221 亿、427 亿、555 亿、259 亿 kW・h 和 114 亿 kW・h，其中浙江购买了 20 亿 kW・h 绿色电力证书折算为可再生能源消费量。五省（区）非水可再生能源电力消纳比重分别为 3.5%、7.0%、9.4%、5.3%和 4.9%，除山东外，均低于全国 9.2%的平均水平。

经济增长带来的巨大电力缺口和清洁能源消费需求给海上风电发展提供了足够的市场空间和发展动力，利用东部及东南沿海地区丰富的海上风能资源，发展海上风电可以作为目前常规使用能源的有效补充，同时也将大大提高地区非水可再生能源的比重，满足国家对地区可再生能源消纳的要求。

东部地区第三产业和新兴产业发展迅速，负荷峰谷差进一步加大，对电能质量的要求日益提升，给海上风电消纳带来新的要求。目前，我国东部沿海地区已经进入工业化后期，整体表现为第二产业比重下降，第三产业比重增高。

广东、江苏、山东、浙江、福建五省（区）第三产业比重逐年提升，2018 年分别达到为 54.2%、51.0%、49.5%、54.7%和 45.2%，经济结构的变化给电力系统负荷特性产生重大影响，第三产业的快速发展导致了负荷峰谷差持续增大，2018 年，五省（区）日最大峰谷差均在 35%～40%之间，日益扩大的峰谷差给电力系统运行带来了难度，也给海上风电消纳提出了更高的要求。

同时，第二产业发展方向也发生了改变，主要表现为高耗能和重工业比例逐步减少，高端装备制造业和现代信息电子工业比重增加，如芯片制造业、精细高端化工、生物工程制药等产业发展迅速，高端制造电力用户对电力系统供电稳定性和电能质量的要求也日益提高。海上风电作为随机波动的电源具备较强的不确定性，当大规模海上风电接入沿海地区电力系统后，受到海上风力水平的影响，海上风电的出力会发生反复波动，这可能对地区电力系统的频率、电压等产生波动和干扰，甚至出现短暂的停电等，严重时可能会影响到高可靠、高质量电力用户的供电质量水平，出现产品不合格、次品率高等生产事故，这对海上风电的经济安全可靠运行提出了挑战。

“十四五”期间，我国将进入转变发展方式、优化经济结构、转换增长动力的攻坚期，将更加注重增长的质量。随着第二产业增速放缓，占 GDP 的比重将持续下降。同时，互联网经济、数字经济、共享经济等新模式新业态与传统产业加速融合，带动服务业和信息产业快速发展，第三产业成为拉动经济增长的主要动力。

受经济结构优化的影响，由于峰谷差的持续增大和高可靠性用户对电能质量要求的不断提升，对大规模海上风电消纳提出了更高要求。需要进一步研究不同负荷特性条件下对海上风电消纳的影响，研究海上风电与电力负荷有序协调发展的问题，并通过优化运行手段消除海上风电对电网安全稳定的影响。

3.1.3 我国海上风电社会环境影响因素

可再生能源配额制和绿证交易机制建立，为海上风电消纳提供了良好的社会环境。2017 年 2 月，国家发展改革委、中华人民共和国财政部和国家能源局明确了在全国试行可再生能源绿色电力证书核发和自愿认购，并计划适时启动可再生能源绿色证书（以下简称“绿证”）市场强制交易。2018 年 3 月，国家能源局印发《可再生电力能源电力配额考核办法（征求意见稿）》，明确设定了各省 2018、2020 年需要实现的可再生能源电力总量配额指标和非水可再生电力配额指标，由此表明国家计划推动可再生能源电力消费占比从一般性政策引导走向省级约束性指标。2018 年 11 月底，国家能源局印发了《实行可再生能源电力配额制（征求意见稿）》，明确 2019 年 1 月起全国全面执行可再生能源配额制。

2019 年，国家发展改革委和国家能源局发布了《关于建立健全可再生能源电力消纳保障机制的通知》，要求区域内配额由省政府制定实施方案，确定本区域各市场主体的可再生能源电力配额约束性指标；电网公司承担配额实施和计量责任。承担配额的市场主体分为两类，第一类为各类直接向电力用户供电的配售电公司；第二类为通过电力批发市场购电的电力用户和拥有自备电厂的企业，各类主体以实际消纳可再生能源电量为主要方式完成配额，如果无法通过实际消纳完成配额时，可向其他市场协商买卖，并自主确定转让价格，该过程中可再生能源电量均可记为权重完成量。

随着可再生能源电力消纳权责政策的执行和绿证交易机制的建立，未来包含海上风电在内的新能源将主动或被动地被社会广泛接受，并作为一项不可或缺的内容出现在广大民众、企业、行业、地区的考核管理和监督工作中；随着全社会对绿色环保生态意识的持续加强，绿色能源、绿色电力逐渐成为一种时尚；同时，随着电气化水平的持续提高，在进行能源消费时，已经逐步消纳了越来越多的新能源。因此海上风电的社会环境具有良好空间。

国家统筹规划与优化调配，有效提升了新能源消纳能力。在我国政府一揽子能源发展战略、规划及政策指引下，近年来，我国能源供给侧结构性改革深入推进，供给质量持续改善，能源结构不断优化，绿色低碳转型持续加快。2018 年，我国煤炭消费占能源消费的比重为 59%，同比下降 1.4%，石油消费占比与 2017 年基本持平，天然气、水电、风电、光伏等清洁能源消费量占能源消费总量的 22.1%，比 2017 年提高 1.3%，非化石能源和天然气是能源消费增长的主要拉动力。风电产业 2018 年继续保持快速发展势头，新增装机容量 2026 万 kW，较 2017 年增加 20%，累计装机容量达到 1.84 亿 kW。风电全年发电量 3660 亿 kW・h，同比增长 20.2%，风电平均利用小时数超过 2000h，同比增长 7.5%。光伏方面，全国光伏累计装机容量已达 1.7 亿 kW，但受“531 新政”影响，2018 年光伏发电市场一度遇冷，全年新增装机容量 4426 万 kW，较 2017 年下降 16.6%，这是继 2014 年后新增装机首次出现下滑。2018 年全国光伏发电 1775 亿 kW・h，同比增长 50.8%，发电利用小时数 1212h，较 2017 年提高 7h。2018 年，全国弃风、弃光状况持续好转，其中弃风电量从 2017 年的 419 亿 kW・h 下降到 277 亿 kW・h，弃风率下降至 7%；全国弃光量 54.9 亿 kW・h，同比减少 18 亿 kW・h，弃光率为 3%，同比下降 2.8%。全国风电、光伏均实现“双降”。

海上风电开发可能影响海洋生态，环境友好程度总体好于陆上风电。陆上风电的开发建设会带来对陆地景观的永久性改变，在影响自然环境的同时也会对发电站附近和电力运输通道沿线的居民生活造成不良影响，整体而言对土地资源的需求大，会涉及大量的土地补偿问题。海上风电需要考虑渔场的使用和对鱼类以及鸟类生存环境的影响，但这对于自然环境和物种的影响基本只存在于施工期间，在合理规划的前提下，可以较好地避免永久性影响。此外，海上风电开发建设海域的使用和环境保护归属国家海洋行政主管部门负责，不会像陆上风电一样存在省间区域的争议。因此，从环境的友好程度来看，海上风电综合评价优于陆上风电，在决策海上风电发展及其综合效益评估时不可忽略其环境效益的影响。

3.1.4 我国海上风电技术环境影响因素

随着技术与装备的进步，海上风电开发成本将逐年下降。海上风电自身的经济性也是影响其发展的重要因素。一系列的研究表明，新能源产业的发展符合描述单位生产成本与连续累计产量之间关系的学习曲线模型。在风力发电领域，认为经验累计和行业体量的增加会带来技术进步，引起成本下降，本书采用学习曲线模型来预测海上风电成本下降的趋势，模型具体如下：

$$\begin{cases} L = AN^{-E} \\ LR = 1 - 2^{-E} \end{cases} \tag{3-1}$$

式中 N——海上风电累计装机容量；

A——初始单位成本；

E——参数，$0<E<1$；

LR——学习率。

结合上述公式得出，假设前一累计装机容量为 X，当累计装机容量增加为 $2X$，成本下降率即是当前单位成本占累计装机容量为 X 时成本下降的比例，则 LR 学习率即是成本下降的比例。由于我国海上风电还没有具有参考价值的发电成本数据，本书采用世界范围内对海上风电成本的测算，结合我国海上风电累计装机容量的变化趋势，利用学习曲线模型，计算和估计当前以及未来海上风电成本下降的速率。

在世界范围内，Martin Junginger 指出在 2007 年前后海上风电的成本在 0.06～0.12 欧元［折合人民币为 0.6～1.2 元/（kW・h）］的区间内，高于陆上风电 0.03～0.06 欧元［折合人民币为 0.3～0.8 元/（kW・h）］的水平；根据彭博社《2017 年上半年度电成本变化走势预测报告》，全球范围内，海上风电成本到 2017 年上半年度降至 0.125 美元/（kW・h），相当于 0.86 元/（kW・h），这一数值与我国国家发展改革委规定的海上风电上网电价 0.75～0.85 元/（kW・h）的水平接近，也进一步证明了本书采用世界范围的海上风电成本数据的合理性。综上，2009 年以来的海上风电成本变化和累计装机容量如图 3－3 所示。

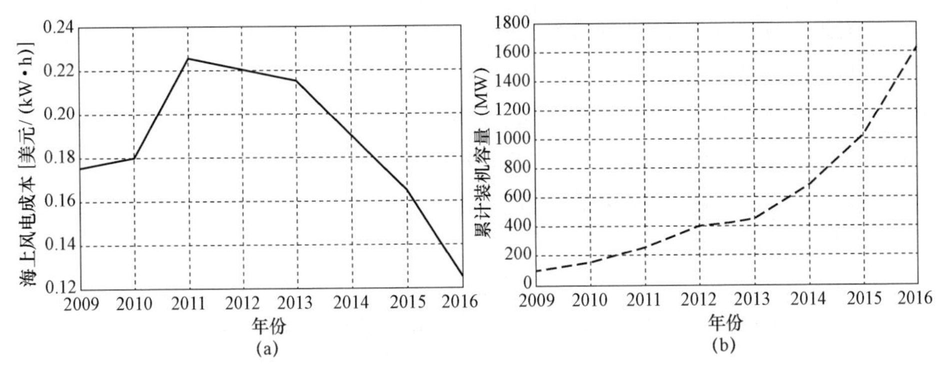

图 3－3　海上风电成本变化和累计装机容量

（a）海上风电成本变化；（b）累计装机容量

从图 3－3 可以看出，2009—2011 年，海上风电成本呈现上升趋势；从 2012 年开始，海上风电成本逐年下降，同时期我国海上风电累计装机容量不断上升，学习曲线模型可以在这一区间建立。在这一时期，累计装机容量从 2009 年的 100MW 迅速扩张到 2016 年底的 1630MW，增长速率呈不断加快的趋势。

利用 Python 拟合两者的相关关系，曲线显示：相较于陆上风电，海上风电成本下降仍处在较高速率的时期，因此在未来有望在成本竞争力上不断接近陆上风电；其二，成本下降的学习率处在同一阶段，尚未出现分阶段变化的情况，因此 2012—2017 年的五年间，海上风电成本学习率保持不变。计算得出，学习率 $LR=20\%$，即在这五年间，累计装机容量每增加一倍，海上风电发电成本下降 20%。随着装机容量的不断上升，在技术难以继续提高之前，这一学习速率将逐步变小，参考上述的分析结果，认为海上风电成本学习率将分阶段变化并逐步减小，直到趋近于 0。海上风电规模效益对应关系如图 3－4 所示。

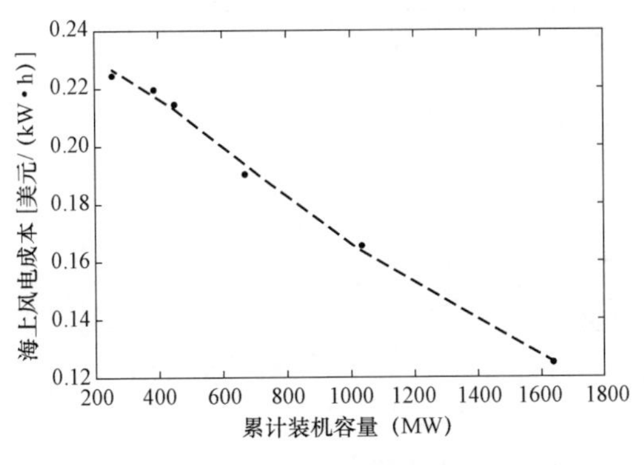

图 3－4　海上风电规模效益对应关系

《中国风力发展路线图2050》（2014年版）中给出了2050年之前的海上风电发展目标和布局，预计2020年总装机容量达到30GW，2030年达到65GW，而2050年就将达到200GW，但风电发展“十三五”规划对其进行了修正，指出海上风电力争累计并网容量达到5GW以上。

另外，国际可再生能源署在2017年发布了《创新应用前瞻：海上风电篇》，预计2030年全球海上风电装机容量将达到100GW。我国海上风电装机占全球的比例如图3－5所示，考虑目前我国装机容量在全球的占比逐年上涨的趋势，有理由认为我国2030年海上风电装机容量可以达到20GW。

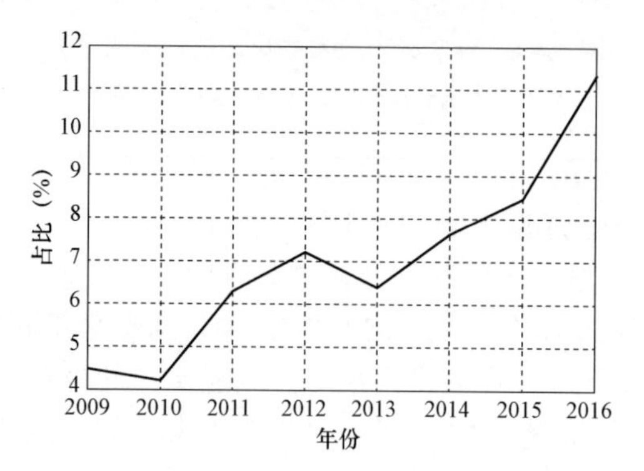

图3－5　海上风电累计装机规模占全球比例

综上所述，本书假定我国风电累计装机容量在1.63～5GW、5～10GW、10～20GW的扩张过程中，学习率分别为20%、15%和10%，可以得出对我国海上风电成本在2030年之前的预测如图3－6所示。根据这一预测，我国海上风电成本有望在2020年下降至0.6元/（kW·h），在此后下降率减缓，在2030年达到0.46元/（kW·h）。

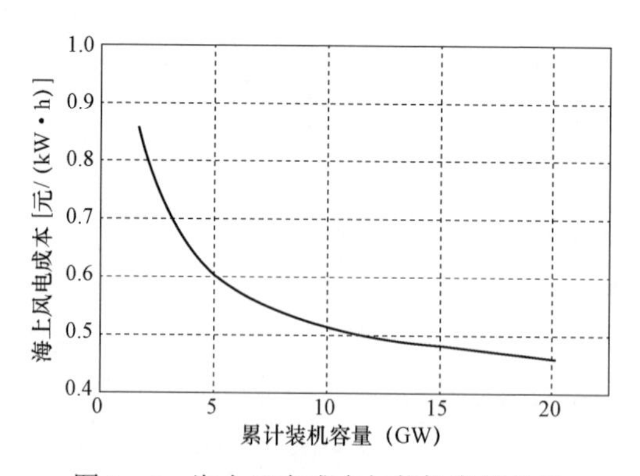

图3－6　海上风电成本与装机容量关系

我国海上风电靠近负荷中心，大机组、高出力特征明显，提升效益需优化调控策略。海上风能资源丰富，风速高，持续时间长，适合更大功率的机组应用。海上风电的发展规划布局和我国经济发展先进地域的相关性紧密。海上风电主要集中在东部沿海地区，这些地区为负荷集中区，对我国沿海电量需求程度远大于陆上风电的三北地区，海上风电规划的装机容量比较容易被消纳，不需要大容量、远距离输电来进行输送。参考 2018 年行业数据，按照不同功率所占比重计算平均功率，则陆上风电机组平均功率为 1.78MW，海上风电机组平均功率为 3.11MW。由此说明海上风电单台装机规模接近陆上风电机组的两倍。

另外，就风电本身特性而言，海上风电的风速自相关衰减系数小于陆上风电，因此海面风速较为平稳，海上风电的接入对并网系统的调频要求要低于陆上风电。相关研究表明，相较于陆上风电场，海上风电场高出力概率更大，当装机容量在 80%以上时，海上风电的出力概率可以达到陆上风电场的 4～9 倍。海上风电与陆上风电装机类型占比如表 3－3 所示。

表 3－3　　海上风电与陆上风电装机类型占比表

陆上风电		海上风电	
单机容量（MW）	占比（%）	单机容量（MW）	占比（%）
＜1.5	6.6	0.85	1
1.5	50.4	1.5	6
1.6～1.9	1.4	2	3
2	32.2	2.38	7
2.1～2.9	6.6	2.5	16
3～3.9	2	3	27
—	0.5	3.6	15
＞4	—	4	20
—	—	5	4

随着海上风电技术的不同提升，未来单机大容量机组比例将进一步增加，海上风电机组的技术竞争优势将更加明显。但是单机大容量机组以及大规模集中并入电网也给当地电力系统运行产生了显著影响，传统的陆上风电并网控制方式不能适应海上风电运行控制要求，需要加强海上风电控制策略优化研究，确保海上风电的技术创新优势得以发挥实际效用。

海上风电并网成本占比较大，不同方案将对项目收益产生较大影响。我国海上及陆上风电投资成本对比如表 3－4 所示。海上风电并网系统投资占比接近

30%，较陆上风电并网成本高 15%～20%，由此说明在海上风电建设时，并网系统的优化和选择对海上风电建设成本具有较大影响。因此，需要开展并网方式优化模型研究，建立合理的海上风电并网模型。

表 3-4　海上以及陆上风电投资成本的比较　（%）

项目	陆上风电投资成本占比	海上风电投资成本占比
风机	65～75	30～50
基础	5～10	15～25
并网系统	10～15	15～30
安装	0～5	0～30
其他	5	8

3.1.5　海上风电影响因素综合分析

海上风电作为一个海上风能驱动的电源，其发展主要受到经济性的影响，而经济性又受到成本、上网电价、上网电量等方面影响，具体分析如下：

（1）海上风电的建设运营成本。海上风电建设成本将影响海上风电项目投资规模、盈利能力、度电成本以及投资收益水平。海上风电成本降低，将可以降低海上风电上网电价水平，海上风电电力也将更加具备竞争力，同时还将吸引更多的投资者，给社会带来更廉价的电力消费，减少国家海上发电补贴金额。总的来说，建设成本是影响海上风电发展的关键因素，影响海上风电建设成本的内容包括风机本体、基础、汇集系统设备及安装成本和其他费用；运营成本主要包括损耗成本和维护成本。

（2）电力系统的消纳能力。适当的海上风电发展规模与电力系统消纳能力匹配时，海上风电项目的上网电量将得到保障；而当海上风电与电力系统消纳能力不匹配时，将影响海上风电的上网规模。当系统消纳能力不能满足海上风电装机规模时，海上风电将出现弃电限发的情况，这样也会给并网系统，近区电网造成利用效率低下的问题；当系统消纳能力足够强，可以保证项目上网电量规模，从而保障了项目的经济性，对海上风电项目建设运营具有直接的影响。

（3）电力系统的协同运行水平。系统协同融合的运行不仅能够提高海上风电的消纳能力，还可以在保障系统安全可靠的基础上，提高系统的供电能力，采用协同可靠的运行调控策略和方法是解决海上风电发展的重要基础。

（4）海上风电的电价及产业政策。电价政策作为项目经济性的关键因素，是影响海上风电发展核心要素，较高的上网电价水平和稳定的上网电价政策能够保证项目的发电收入，是影响项目经济性的核心。我国海上风电发展产业支持和保障政策尚不成熟，缺乏全产业链的支持与配套政策，限制了产业发展水平和绩效。

（5）海上风电的发展节奏。我国西北部陆上风电在发展初期，未考虑电网的承受能力，造成了大量的弃风现象，直到 2019 年，新疆、甘肃等地区仍处于风电和光伏红色预警区域，无法开发新的项目。这种情况下，原有开发建成的项目也因为产生了大量弃电导致项目的经济性有所下降，并且导致电网设备利用效率的低下。

3.2　我国海上风电存在的问题

发展节奏如何决策问题。虽然海上风电靠近负荷中心，具有电量消纳上的优势，但是如何根据电网负荷水平判断海上风电发展规模及发展节奏是当前海上风电发展中存在的一大问题。前面提到海上风电的发展规模的合理确定是减少弃风弃光、保障海上风电良性发展的关键。由于缺少负荷与海上风电发展规模的协调规划方法，导致当前无法确定不同区域海上风电的发展节奏和发展规模。为此，需要开展这方面的研究。

并网方式如何选择问题。由于海上风电装机规模较大、距离陆地较远、建设环境复杂等多种因素影响，海上风电的并网系统建设费用占投资成本比重较高，合理选择并网方式是降低海上风电建设成本的重要手段，然而并网系统方式多种多样，如何根据海上风电规模和位置，选择合适的并网系统和汇集方式是海上风电建设并网的重要内容。但目前对于海上风电并网方式的选择和优化缺乏技术理论研究，无法指导海上风电发展建设，不利于海上风电建设成本优化和运行控制可靠性的提升，为此，有必要开展海上风电并网选择方式及原则研究。

运行策略如何优化问题。海上风电作为近期出现的一类随机波动电源，与传统电力系统电源协同运行方面存在显著的差异，如何合理的开展包含海上风电的电力系统运行策略优化，一直是困扰当前海上风电实际运行的一个难题，特别是近期出现虚拟电源、能效电厂等新型控制对象以来，如何协调海上风电与该类灵活性资源设施的优化运行还缺乏相关的研究。另外，当然东部地区作为主要的受端电网，必然涉及直流运行方式如何与接入的海上风电协同运行问题，如何定义本地清洁能源与远方清洁能源的协同匹配是亟待解决的问题。为了保障海上风电的科学发展，有必要开展海上风电与多种能源综合协同策略技术研究，指导海上风电实际运行和优化控制。

效益如何评价问题。传统的电力投资项目一般采用财务评价的方式分析项目的可行性和经济性。面对着大量资源区域，如何择优选择项目开展投资是当前研究较少的一个问题，亟待找到合理全面的解决方案，可通过项目的综合效益评价，通过对被评价项目进行优先级前后排序，通过总结经验，回顾项目开发过程中的关键环节，指导下阶段海上风电项目合理决策。

政策机制如何有效制定问题。海上风电在发展初期受国家大的政策环境的影响，其产业扶持、补贴政策都是影响海上风电产业发展的关键问题。同时，海上风电发展还受到运行约束，也受到规模发展的影响，如何在从技术、策略、方法的研究基础上，提出具有可操作解决方案的政策建议是当前海上风电发展面临的主要问题，通过制定合适的政策、提出合理的建议，将能够有效地指导海上风电科学运营、有序发展。

第 4 章

计及负荷增长的海上风电有序规划模型

本章提出了合理发展海上风电的规划方法，避免盲目投入带来的资源浪费。首先梳理了我国目前海上风电发展规划，预测了我国东部地区负荷增长水平，研究海上风电与负荷增长的匹配性分析方法，建立计及负荷增长的海上风电有序规划模型，算例验证表明该模型可确保海上风电合理有序的发展，为海上风电有序规划提供理论基础和分析模型。

4.1 我国当前海上风电规划

由中国可再生能源学会风能专业委员会发布的《中国风电产业地图》报告中提出，截至 2018 年年底，我国已批准的、在建的海上风电项目累计规模超过 4000 万 kW。然而，如此快速发展也需要产业上下游之间的协同配合、设备供应等方面达到更高的水平，也要求海上风电发展规划更加合理准确，以有序把握海上风电发展节奏，避免与陆上风电类似的盲目发展带来大规模弃风现象再次上演。

4.2 我国东部沿海地区负荷增长预测分析

4.2.1 负荷预测模型

4.2.1.1 灰色模型

负荷预测的指标数据通常具有动态变化的随机性，对凌乱的灰色数列建立的模型，即为灰色模型。建立基于微分方程的预测模型可采用电力系统常用的 GM (1, 1)灰色模型，同时采用 GM (1, n)模型群建立高阶模型。根据有关文献可知，建立 GM (1, 1) 模型只需要一个数列，设该原始数据序列为：$x^{(0)}=[x^{(0)}(1),x^{(0)}(2),\cdots,x^{(0)}(n)]$，进一步生成一阶累加生成序列：$x^{(1)}=[x^{(1)}(1),x^{(1)}(2),\cdots,x^{(1)}(n)]$，计算公式为

$$x^{(1)}(k)=\sum_{i=1}^{k}x^{(0)}(i)\ ,k=1,2,\cdots,n \tag{4-1}$$

序列 $x^{(1)}(k)$ 呈指数规律变化，进而可求得 $x^{(1)}$ 序列满足式（4 － 2）所示方程。

$$\frac{\mathrm{d}x^{(1)}}{\mathrm{d}t}+ax^{(1)}=u \tag{4-2}$$

由于 a、u 未知，直接解方程缺乏可行性，因此必须先求出参数 a、u。
由导数的定义，可得：

$$\frac{\mathrm{d}x^{(1)}}{\mathrm{d}t}=\lim_{\Delta t\to 0}\frac{x^{(1)}(t+\Delta t)-x^{(1)}(t)}{\Delta t} \tag{4-3}$$

对式（4－3）采用离散化形式表示，可得：

$$\begin{aligned}\frac{\Delta x^{(1)}}{\Delta t}&=\frac{x^{(1)}(k+1)-x^{(1)}(k)}{k+1-k}=x^{(1)}(k+1)-x^{(1)}(k)\\&=a^{(1)}[x^{(1)}(k+1)]=x^{(0)}(k+1)\end{aligned} \tag{4-4}$$

其中对 $x^{(1)}$ 取某时刻 k 和 $k+1$ 之间的平均值，即 $\frac{1}{2}[x^{(1)}(k+1)+x^{(1)}(k)]$。

因此，式（4－4）可改写成：

$$a^{(1)}[x^{(1)}(k+1)]+\frac{1}{2}a[x^{(1)}(k+1)+x^{(1)}(k)]=u \tag{4-5}$$

进一步可得：

$$k=1,x^{(0)}(2)+\frac{1}{2}a[x^{(1)}+x^{(1)}(2)]=u$$

$$k=2,x^{(0)}(3)+\frac{1}{2}a[x^{(1)}(2)+x^{(1)}(3)]=u$$

$$k=n-1,x^{(0)}(n)+\frac{1}{2}a[x^{(1)}(n)+x^{(1)}(n-1)]=u$$

将上述公式以矩阵的形式进行描绘，可得：

$$\begin{pmatrix} x^{(0)}(2) \\ x^{(0)}(3) \\ \vdots \\ x^{(0)}(n) \end{pmatrix}=\begin{pmatrix} -\frac{1}{2}\left[x^{(1)}(1)+x^{(1)}(2)\right] & 1 \\ -\frac{1}{2}\left[x^{(1)}(2)+x^{(1)}(3)\right] & 1 \\ \vdots & \vdots \\ -\frac{1}{2}\left[x^{(1)}(n-1)+x^{(1)}(n)\right] & 1 \end{pmatrix}\begin{pmatrix} a \\ u \end{pmatrix} \tag{4-6}$$

对其进行化简，可得：

$$Y_n=BA \tag{4-7}$$

其中，$Y_n=\begin{pmatrix} x^{(0)}(2) \\ x^{(0)}(3) \\ \vdots \\ x^{(0)}(n) \end{pmatrix}$，$A=\begin{pmatrix} a \\ u \end{pmatrix}$，$B=\begin{pmatrix} -\frac{1}{2}\left[x^{(1)}(1)+x^{(1)}(2)\right] & 1 \\ -\frac{1}{2}\left[x^{(1)}(2)+x^{(1)}(3)\right] & 1 \\ \vdots & \vdots \\ -\frac{1}{2}\left[x^{(1)}(n-1)+x^{(1)}(n)\right] & 1 \end{pmatrix}$

式中　Y_n，B ——已知或给定变量；

　　　A ——待求解变量。

由于变量数少于方程数，导致求解困难，故采用最小二乘法求得近似解，可得：

$$Y_n=B\hat{A}+E \tag{4-8}$$

式中　E——误差项。

为求得其最小解，即 $\min\|Y_n-B\hat{A}\|^2=\min(Y_n-B\hat{A})^{\mathrm{T}}(Y_n-B\hat{A})$。

可对上述矩阵作求导计算，则进一步得到：

$$\hat{A}=(B^{\mathrm{T}}B)^{-1}B^{\mathrm{T}}Y_n=\begin{pmatrix} \hat{a} \\ \hat{u} \end{pmatrix} \tag{4-9}$$

进一步将求解得到的 $\hat{a}$ 和 $\hat{u}$ 代回微分方程，便可得：

$$\frac{dx^{(1)}}{dt}+\hat{a}x^{(1)}=\hat{u} \tag{4-10}$$

解之，可得：

$$x^{(1)}(t+1)=\left[x^{(1)}(1)-\frac{\hat{u}}{\hat{a}}\right]e^{-\hat{a}t}+\frac{\hat{u}}{\hat{a}} \tag{4-11}$$

写成离散形式［由于 $x^{(1)}(1)=x^{(0)}(1)$］，可得：

$$x^{(1)}(k+1)=\left[x^{(0)}(1)-\frac{\hat{u}}{\hat{a}}\right]e^{-\hat{a}k}+\frac{\hat{u}}{\hat{a}},k=0,1,2,\cdots \tag{4-12}$$

式（4－11）和式（4－12）称为 GM（1，1）的时间响应函数模型，对此进行累减还原后，可以得出原始数列 $x^{(0)}$ 的灰色预测模型为：

$$\hat{x}^{(0)}(k+1)=\hat{x}^{(1)}(k+1)-\hat{x}^{(1)}(k)=(1-e^{\hat{a}})\left(x^{(0)}(1)-\frac{\hat{u}}{\hat{a}}\right)e^{-\hat{a}k},k=0,1,2,\cdots \tag{4-13}$$

4.2.1.2 NGBM（1，1）模型

NGBM（1，1）模型是传统 GM（1，1）和灰色 Verhulst 模型的拓展形式，文中根据灰色系统信息覆盖原理求解得出所建立模型的幂指数，进一步梳理得出建模步骤如下。设文中所用的原始序列为：

$$X^{(0)}=[x^{(0)}(1),x^{(0)}(2),\cdots,x^{(0)}(n)] \tag{4-14}$$

原始序列的一次累加序列为：

$$X^{(1)}=[x^{(1)}(1),x^{(1)}(2),\cdots,x^{(1)}(n)] \tag{4-15}$$

其中，$x^{(0)}(k)=\sum_{i=1}^{k}x^{(0)}(i),i=1,2,\cdots,n$。

$x^{(1)}$ 的紧邻均值序列为：

$$Z^{(1)}=[z^{(1)}(1),z^{(1)}(2),\cdots,z^{(1)}(n)] \tag{4-16}$$

其中，$z^{(1)}(k)=0.5[x^{(1)}(k)+x^{(1)}(k-1)]$。

则基于灰色微分方程的 NGBM(1,1)模型为：

$$x^{(0)}(k)=az^{(1)}(k)=b[z^{(1)}(k)]^{\lambda}$$

式中　a，b ——分别为发展系数和灰色作用度；

　　λ ——幂指数。

$$\lambda_k = \frac{[x^{(0)}(k+1)-x^{(0)}(k)]\bullet z^{(1)}(k+1)\bullet z^{(0)}(k)\bullet x^{(0)}(k)-[x^{(0)}(k)-x^{(0)}(k-1)]\bullet z^{(1)}(k+1)\bullet z^{(0)}(k)\bullet x^{(0)}(k+1)}{[x^{(0)}(k+1)]^2\bullet z^{(1)}(k)\bullet x^{(0)}(k)-[x^{(0)}(k)]^2\bullet z^{(1)}(k+1)\bullet x^{(0)}(k+1)}$$

（4－17）

$$\lambda = \frac{1}{n-2}\sum_{k=2}^{n-1}\lambda_k \qquad（4－18）$$

其中，$\lambda \neq 1$；且当 $\lambda = 0$ 和 $\lambda = 2$ 时，NGBM（1，1）模型分别相当于 GM（1，1）模型和灰色 Verhulst 模型。

进一步可得 NGBM（1，1）模型的白化微分方程见式（4－19）。

$$\frac{\mathrm{d}x^{(1)}}{\mathrm{d}t} + ax^{(1)} = b\,[x^{(1)}]^{\lambda} \qquad（4－19）$$

对式（4－19）进行最小二乘法求解，可得式（4－20）。

$$\hat{s} = (a,b)^{\mathrm{T}} = (B^{\mathrm{T}}B)^{-1}B^{\mathrm{T}}Y \qquad（4－20）$$

其中，$B = \begin{bmatrix} -z^{(1)}(2) & [z^{(1)}(2)]^{\lambda} \\ -z^{(1)}(3) & (z^{(1)}(3))^{\lambda} \\ \vdots & \vdots \\ -z^{(1)}(n) & (z^{(1)}(n))^{\lambda} \end{bmatrix}$，$B = \begin{bmatrix} x^{(0)}(2) \\ x^{(0)}(3) \\ \vdots \\ x^{(0)}(n) \end{bmatrix}$。

上述方程中，白化微分方程的时间响应函数可表达为式（4－21）。

$$\hat{x}^{(1)}(t) = \left[\frac{b}{a} + c\bullet e^{-(1-\lambda)a\bullet t}\right]^{\frac{1}{1-\lambda}} \qquad（4－21）$$

当初始值取值为 $\hat{x}^{(1)}(1) = x^{(0)}(1)$ 时，所建立模型的时间响应序列为：

$$x^{(1)}(k+1) = \left\{\frac{b}{a} + [x^{(0)}(1)^{1-\lambda}]\bullet e^{-(1-\lambda)a\bullet t}\right\}^{\frac{1}{1-\lambda}} \qquad（4－22）$$

进一步可得 $X^{(1)}$ 序列预测值，并累减还原得到原始负荷数据的预测值：

$$\hat{x}^{(0)}(k+1) = \hat{x}^{(1)}(k+1) - \hat{x}^{(1)}(k), k = 1,2,\cdots,n \qquad（4－23）$$

令能够反映拟合数据对原始数据偏离程度的灰色模型拟合精度指标为：

$$Y(k) = \frac{x^{(0)}(k)}{\hat{x}^{(0)}(k)} \qquad（4－24）$$

4.2.1.3 加权马尔科夫优化的 NGBM（1，1）模型

由于现实情况的复杂性，当利用 NGBM（1，1）模型对原始电力负荷数据进行拟合时，拟合结果往往与真实值之间会存在一定差异，因此，文中通过对灰色模型拟合精度指标的波动情况进行预测分析，用来解决这一问题。

（1）状态区间的划分。考虑到电力负荷随机的特性，将 $Y(k)$划分为 m 个状态区间，其中任意一个状态区间均可采用式（4－25）表示。

$$E_i = [\otimes_{1i}, \otimes_{2i}], i = 1,2,\cdots,m \tag{4-25}$$

式中　E_i——该状态区间的第 i 种状态；

$\otimes_{1i} = Y(k) + A_i, \otimes_{2i} = Y(k) + B_i$，$\otimes_{1i}$ 和 $\otimes_{2i}$ 表示第 i 种状态的下边界和上边界。其中，A_i, B_i 为常数，可由所提供的数据确定。

（2）状态转移概率矩阵的构造。通过统计灰色模型拟合精度指标在不同时刻上的状态，可得状态 E_i 转移到状态 E_j 的概率为：

$$p_{ij} = \frac{M_{ij}^{(\omega)}}{M_i} \tag{4-26}$$

式中　$M_{ij}^{(\omega)}$——E_i 经过 ω 步转移到 E_j 的样本数；

M_i——E_i 出现次数。

且满足 $\sum_{j=1}^{m} p_{ij}^{(\omega)} = 1$，$i, j = 1,2,\cdots,m$。

可以得到状态转移概率矩阵（$m \times m$ 阶），见式（4－27）。

$$p^{(\omega)} = \begin{pmatrix} p_{11}^{(\omega)} & p_{12}^{(\omega)} & \cdots & p_{1m}^{(\omega)} \\ p_{21}^{(\omega)} & p_{22}^{(\omega)} & \cdots & p_{2m}^{(\omega)} \\ \vdots & \vdots & \ddots & \vdots \\ p_{m1}^{(\omega)} & p_{m2}^{(\omega)} & \cdots & p_{mm}^{(\omega)} \end{pmatrix} \tag{4-27}$$

采用灰色模型拟合精度指标的各阶自相关系数反映权重的大小，求得各阶的相关系数为：

$$r_\omega = \frac{\sum_{i=1}^{n-\omega}[Y(i) - \bar{Y}][Y(i+\omega) - \bar{Y}]}{\sum_{i=1}^{n}[Y(i) - \bar{Y}]^2} \tag{4-28}$$

式中　r_ω——第 ω 阶的自相关系数；

$Y(i)$——第 i 时刻的灰色模型拟合精度指标值；

$\bar{Y}$——样本均值。

对 r_ω 进行规范化处理可得各阶马尔可夫权重为：

$$\theta_\omega = \frac{|r_\omega|}{\sum_{\omega=1}^{m}|r_\omega|}, \omega \leqslant m \tag{4-29}$$

式中　θ_ω——第 ω 阶的马尔可夫权重；

m ——最大阶数，取值一般满足 $|r_\omega| \geqslant 0.3$ 。

（3）确定预测值。给定某时刻的初始状态 E_i，考察其转移概率矩阵，便可得到该时刻 $Y(k)$ 的状态转移概率向量 $p^{(\omega)}$ 为：

$$p_i^{(\omega)} = (p_{i1}^{(\omega)}, p_{i2}^{(\omega)}, \cdots, p_{im}^{(\omega)}), i \in E \tag{4-30}$$

将 $p_i^{(\omega)}$ 构成的矩阵称为 m 阶加权状态概率转移矩阵，同时将同状态下的转移概率加权作为 $Y(k)$ 的转移概率。

$$p_i = \sum_{\omega=1}^{m} \theta_\omega p_i^{(\omega)} \tag{4-31}$$

采用线性插值法确定灰色模型拟合精度指标预测值 $\hat{Y}(n+1)$ 为：

$$\hat{Y}(n+1) = \otimes_{1i} \times \frac{p_{i-1}}{p_{i-1} + p_{i+1}} + \otimes_{2i} \times \frac{p_{i+1}}{p_{i-1} + p_{i+1}} \tag{4-32}$$

综上，可得第 $n+1$ 时刻的电力负荷预测值 $\tilde{x}^{(0)}(n+1)$ 为：

$$\tilde{x}^{(0)}(n+1) = \hat{x}^{(0)}(n+1) \bullet Y(n+1) \tag{4-33}$$

4.2.2　东部沿海地区负荷增长分析

选取表 4－1 所示用电量数据对部分省份模型验证，其数据来源于各省 2018 年统计年鉴。

表 4－1　　各省份 2005—2016 年用电量数据　　（亿 kW・h）

年份	山东	天津	江苏	浙江	福建	广东	合计
2005	1976.88	384.84	2193.45	1642.32	755.55	2540.4	9493.44
2006	2272.05	433.65	2569.75	1909.23	865.05	2799.55	10 849.28
2007	2596.06	494.71	2952.02	2189.37	1000.1	3164.55	12 396.81
2008	2726.99	515.89	3118.52	2322.87	1149.75	3299.6	13 133.62
2009	2941.06	550.16	3118.99	2471.44	1135.15	3424.17	13 640.97
2010	3298.47	645.74	3864.37	2820.93	1314	3843.45	15 786.96
2011	3635.25	695.16	4282.62	3116.91	1514.75	4201.15	17 445.84
2012	3794.54	743.19	4282.62	3210.55	1580.45	4372.7	17 984.05
2013	4083.11	794.48	4956.62	3453.05	1700.9	4555.57	19 543.73
2014	4223.49	823.94	5012.54	3506.39	1857.85	4960.35	20 384.56
2015	5182.2	851.13	5114.7	3553.9	1850.55	5073.5	21 625.98
2016	5561.07	861.6	5458.95	3873.19	1967.35	5369.15	23 091.31

首先，对比测算 NGBM（1，1）、传统 GM（1，1）和灰色 Verhulst 模型预测的适用性；将 2005～2014 年的数据用于模型构建，用 2015 年和 2016 年的数据来检验模型的预测的准确度；并应用均方误差（MSE）和平均绝对误差（MAPE）两个指标对预测模型开展性能评价。

$$\mathrm{MSE}=\frac{1}{2}\times\sum_{i=11}^{12}(y_i-\hat{y}_i)^2 \tag{4-34}$$

$$\mathrm{MAPE}=\frac{1}{2}\times\sum_{i=11}^{12}\left|\frac{y_i-\hat{y}_i}{y_i}\right|\times 100\% \tag{4-35}$$

由表 4－1 可知，NGBM（1，1）模型的原始序列为：

$$x^{(0)}=\begin{Bmatrix}9493.44,10\,849.28,12\,396.81,13\,133.62,13\,640.97,15\,786.96,17\,445.84,\\ 17\,984.05,19\,543.73,20\,384.56,21\,625.98,23\,091.31\end{Bmatrix}$$

经计算可得以下变量参数值：$\lambda=0.352$，$\hat{s}=(a,b)^{\mathrm{T}}=(0.039\,5,59.128\,5)$。

NGBM（1，1）模型的时间响应序列为：

$$\hat{x}^{(1)}(k+1)=(-1609.38^{\mathrm{e}-0.02317k}+1612.37)^{1.186\,522\,34}$$

其中，$k=1, 2,\cdots, 12$。

拟合及预测值见表 4－2。

表 4－2　　三种模型的电力负荷预测值　　（亿 kW・h）

年份	实际值	NGBM（1，1）	GM（1，1）	灰色 Verhulst
2005	9493.44	9493.44	9493.44	9493.44
2006	10 849.28	9368.67	11 948.91	10 420.15
2007	12 396.81	10 962.82	12 994.92	12 206.53
2008	13 133.62	13 395.94	13 287.72	13 287.18
2009	13 640.97	14 284.47	13 953.55	14 599.22
2010	15 786.96	16 097.04	16 237.88	16 282.26
2011	17 445.84	17 382.43	17 834.64	16 677.47
2012	17 984.05	17 874.01	17 369.07	17 585.44
2013	19 543.73	18 753.79	19 120.61	18 626.99
2014	20 384.56	20 014.29	21 514.36	20 024.07
2015	21 625.98	21 847.99	25 445.11	22 613.06
2016	23 091.31	23 908.72	26 127.83	24 883.25
MSE		24 235.18	7291 375.82	486 271.23
MAPE		2.28%	15.40%	6.16%

对比各预测模型的均方误差 MSE 和平均绝对误差 MAPE 值可以发现，NGBM（1，1）模型的预测相对于其他两种模型来说更加精确，充分显示出了在中长期电力负荷预测中 NGBM（1，1）模型的有效性。为了抑制灰色模型拟合精度指标的波动性，文中采取如下处理措施。

首先，采用 Q 型聚类算法，求解得出马尔可夫状态区间为：

$$E_1 \in [95.05\%, 96.23\%)\ E_2 \in [96.23\%, 102.19\%)\ E_3 \in [102.19\%, 113.31\%)\ E_4 \in [113.31\%, 116.09\%)$$

统计分类灰色模型拟合精度指标数值如表 4－3 所示，经过计算可得各阶自相关系数分别为：1、0.176、－0.265、－0.315、－0.161、－0.034、－0.03、0.017、－0.028、0.01。当 m 为 3 时，满足 $|r_\omega| \geqslant 0.3$ 的要求，这时可知 $r_1 = 0.176, r_2 = -0.265, r_3 = -0.315$。因此，各阶马尔可夫权重依次为：

$$\theta_1 = \frac{0.176}{0.176+0.265+0.315} = 0.233\theta_2 = \frac{0.265}{0.176+0.265+0.315} = 0.35\theta_3 = \frac{0.315}{0.176+0.265+0.315} = 0.416$$

表 4－3　　灰色模型拟合精度指标及划分状态

年份	$Y(k)$ (%)	状态
2005	100.00	E_2
2006	115.80	E_4
2007	113.08	E_3
2008	98.04	E_2
2009	95.50	E_1
2010	98.07	E_2
2011	100.36	E_2
2012	100.62	E_2
2013	104.21	E_3
2014	101.85	E_2
2015	98.98	E_2

如预测 2015 年灰色模型拟合精度指标状态，先计算马尔可夫转移概率矩阵如下：

$$P^{(1)}=\begin{pmatrix}0 & 1 & 0 & 0\\ 1/5 & 3/5 & 0 & 1/5\\ 0 & 1 & 0 & 0\\ 0 & 0 & 1 & 0\end{pmatrix},P^{(2)}=\begin{pmatrix}0 & 1 & 0 & 0\\ 0 & 4/5 & 1/5 & 0\\ 1 & 0 & 0 & 0\\ 0 & 1 & 0 & 0\end{pmatrix},P^{(3)}=\begin{pmatrix}0 & 1 & 0 & 0\\ 0 & 1 & 0 & 0\\ 0 & 1 & 0 & 0\\ 1 & 0 & 0 & 0\end{pmatrix}$$

灰色模型拟合精度指标在 2014 年状态为E_2，进一步可得一步转移概率向量取（0.2，0.6，0，0.2）、权重为 0.233；二步转移概率向量取（0，0.75，0.2，0）、权重为 0.35；三步转移概率向量取（0，1，0，0）、权重为 0.417；进一步可得加权马尔可夫预测果见表 4－4。

表 4－4　　　　加权马尔可夫转移概率计算结果

起始年份	初始状态	权重	E_1	E_2	E_3	E_4
2014	E_2	0.233	0.2	0.6	0	0.2
2013	E_3	0.35	0	0.8	0.2	0
2012	E_2	0.417	0	1	0	0
加权转移概率			0.046 6	0.836 8	0.07	0.046 6

可以看出，同一状态下 $\max P_i$ 为 0.836 8，这说明该年度很大大概率处于 E_2 状态。对 E_2 进行插值计算，可得灰色模型拟合精度值为$\hat{Y}(n+1)=99.81\%$；进一步经还原处理，可得该年度电力负荷预测值为$\tilde{x}^{(0)}(n+1)=21\,847.99\times 99.81\%=21\,806.05$。

同理，按照以上步骤，可得到 2016 年的预测值为 23 717.54。可以看出，NGBM（1，1）模型的预测效果更优，进一步计算各模型的均方误差和平均绝对百分比误差结果见表 4－5。

表 4－5　　　　模型预测效果比较

模型	MSE	MAPE
NGBM（1，1）模型	24 235.18	2.28%
加权马尔可夫修正 NGBM（1，1）模型	15 899.49	1.77%

结合表 4－5 中数据可得，通过修正的 NGBM（1，1）模型的 MSE 和 MAPE 指标值均低于原 NGBM（1，1）模型，这表明了文中改进后的模型的有效性。

结合 2017 年和 2018 年用电数据，具体数据见表 4－6，运用加权马尔可夫修正的 NGBM（1，1）模型预测 2019～2025 年用电量，预测结果如图 4－1 所示。

表 4-6　　2017—2018 年东部沿海部分省份用电量　　（亿 kW·h）

年份	山东	天津	江苏	浙江	福建	广东	合计
2017	5732.65	857	5807.89	4193.63	2149.85	5730.5	24 471.52
2018	6083.88	861.44	6128	4532.8	2314.1	6073.6	25 993.82

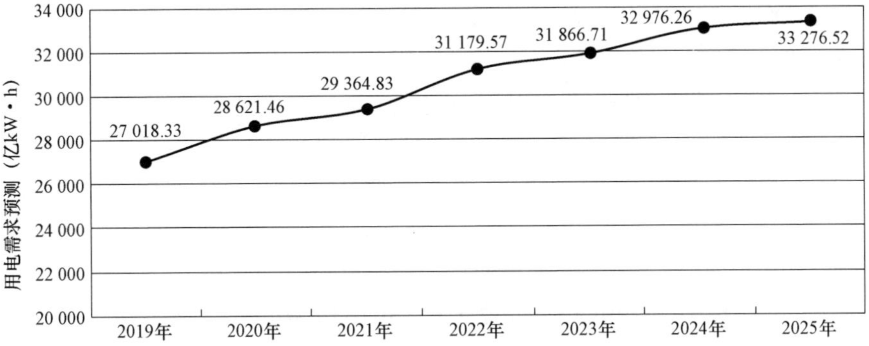

图 4-1　2019—2025 年用电需求预测

4.3　海上风电与区域内有效负荷增长的匹配性分析

4.3.1　海上风电分析

海上风电出力具有较大的波动性和间歇性，一方面，受海洋气候等难以控制的天然因素影响，风速拥有很大的随机性；另一方面，风能相对比较分散，其功率密度相对于其他能源来说较低，且分布广泛，存在于较为广阔的空间范围内。因此，海上风电的出力具有较大的波动和变化，且难以找到其变动频率的规律，这会导致海上风电出现连续性具有较大出力、小出力甚至是无出力的情况。此外，对于同一个海上风场，还可能出现短期内出力接近，但具体到个别天数的每个时段，其具体出力存在较大差异的情况。

2016 年与 2017 年国家电网测试范围内平均风速见表 4-7 和图 4-2。

表 4－7　　2016 年与 2017 年国家电网测试范围内平均风速　　(m/s)

时间	1 月	2 月	3 月	4 月	5 月	6 月	7 月	8 月	9 月	10 月	11 月	12 月
2016 年	5.57	6.08	6.07	6.17	6.25	5.39	5.48	5.22	5.12	5.93	5.73	5.42
2017 年	5.59	5.62	5.33	6.28	6.39	5.33	5.13	5.3	5.01	5.47	6.1	5.78

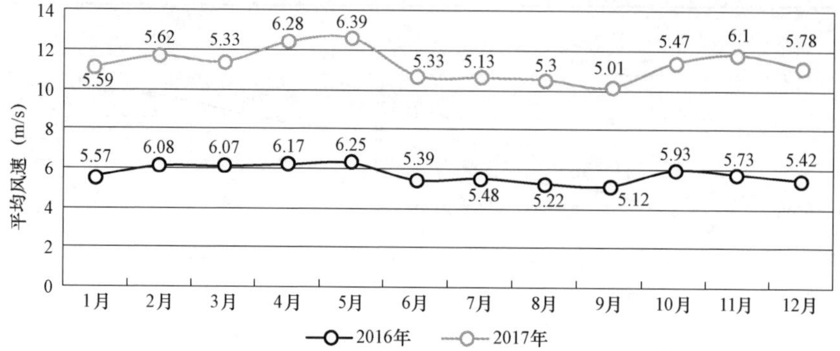

图 4－2　2016 年与 2017 年国家电网测试范围内平均风速

4.3.2　负荷的时序特性分析

电网负荷的时序特征也十分明显。如图 4－3 所示为某地区冬夏季典型日用电负荷曲线，可以看出一方面，从全年来看，每年会存在夏季（7、8 月）和冬季（12 月、次年 1 月）两个负荷高峰期，这主要是由于夏季空调负荷的增长和冬季供暖需求的增加；另一方面，以天来看，无论是夏日还是冬日，负荷在一天内也具备较强的变换规律，表现出很强的时序性。例如，夏季负荷高峰点会表现出一定的持续性；然而，冬季负荷虽然也有高峰点出现，但是各个高峰之间的负荷会有一定的回落现象，而不是一直维持在较高水平。

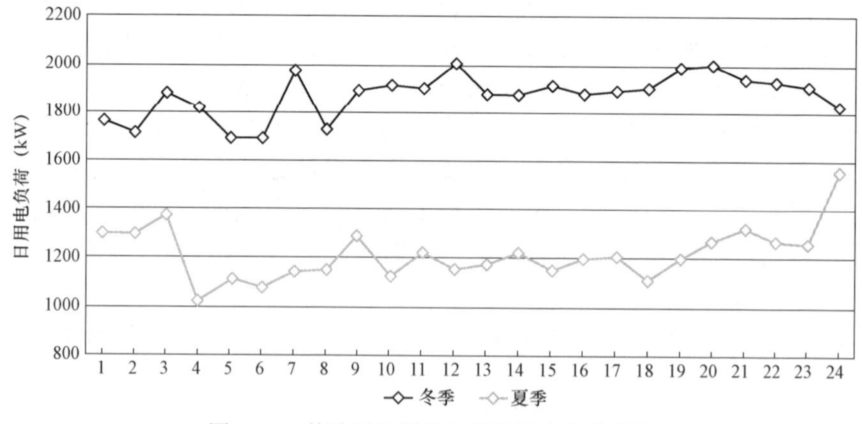

图 4－3　某地区冬夏季典型日用电负荷曲线

4.3.3　海上风电与有效负荷增长匹配性分析

由于海上风电尚处于发展阶段，基数小，海上风电装机增速远大于用电量增速。根据中国可再生能源学会风能专业委员会（CWEA）及其他公开数据整理发现：2015 年海上风电的新装机 100 台，容量为 360.5MW。2017 年，新增装机 319 台，容量达 1163.8MW，同比增长了 97%；累计装机达到 2770.68MW。2008—2017 年我国海上风电行业安装容量及其增速分别如图 4－4 和图 4－5 所示。

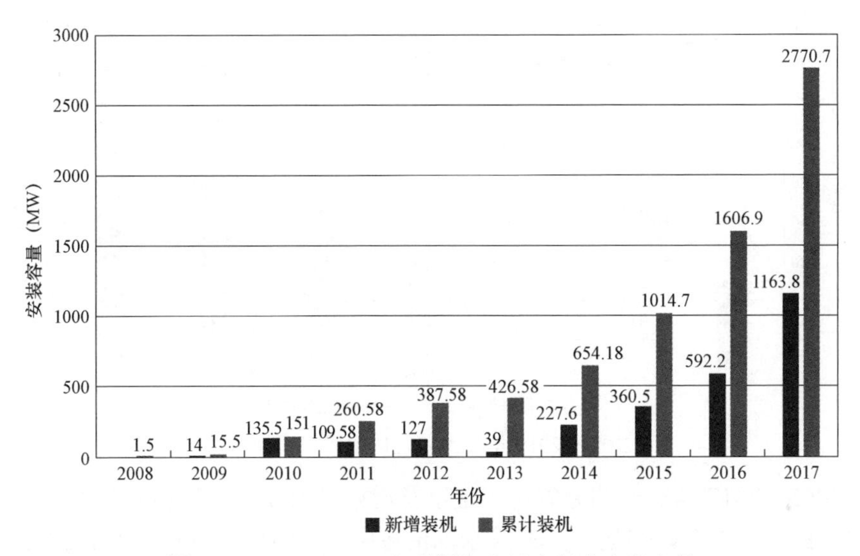

图 4－4　2008—2017 年我国海上风电行业安装容量

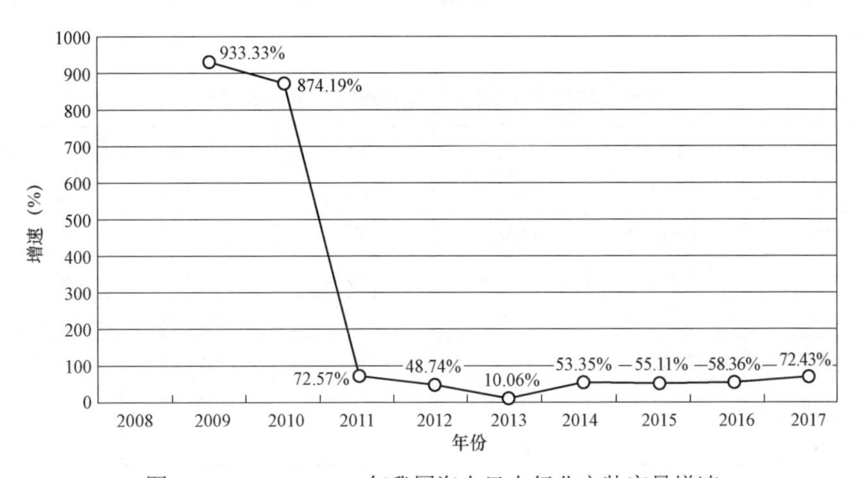

图 4－5　2008—2017 年我国海上风电行业安装容量增速

从图 4－5 可以看出，2008—2011 年是我国海上风电起步阶段，总体发展较快，2012—2017 年海上风电安装容量增速放缓，整体趋于平稳，表明该阶段有较好的计划安排。

根据相关数据统计，2017 年中国海上风电的投资达到了 174.57 亿元，单位造价为 15 000 元。2011—2017 年中国海上风电投资规模及造价变化趋势如图 4－6 所示。

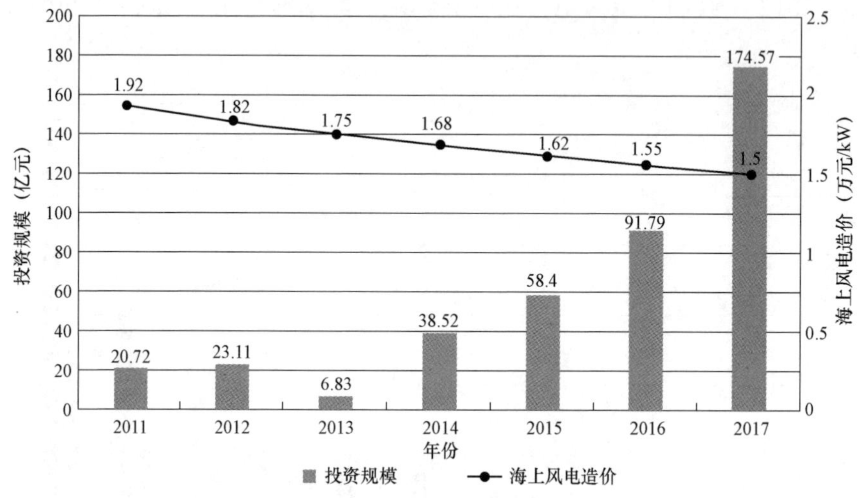

图 4－6　2011—2017 年我国海上风电投资规模及造价走势

2005—2017 年东部部分省份用电量及增幅见表 4－8 和图 4－7。根据山东、天津、江苏、浙江、福建、广东等东部沿海省份 2018 年统计年鉴和收集到的公开数据，2017 年累计用电量达到 24 471.52 亿 kW • h，相比于 2016 年增长 5.98%。

表 4－8　　2005—2017 年我国东部部分省份用电量及增幅　　（亿 kW • h）

年份	用电量	用电量增幅	年份	用电量	用电量增幅
2005	9493.44	—	2012	17 984.05	3.09%
2006	10 849.28	14.28%	2013	19 543.73	8.67%
2007	12 396.81	14.26%	2014	20 384.56	4.30%
2008	13 133.62	5.94%	2015	21 625.98	6.09%
2009	13 640.97	3.86%	2016	23 091.31	6.78%
2010	15 786.96	15.73%	2017	24 471.52	5.98%
2011	17 445.84	10.51%			

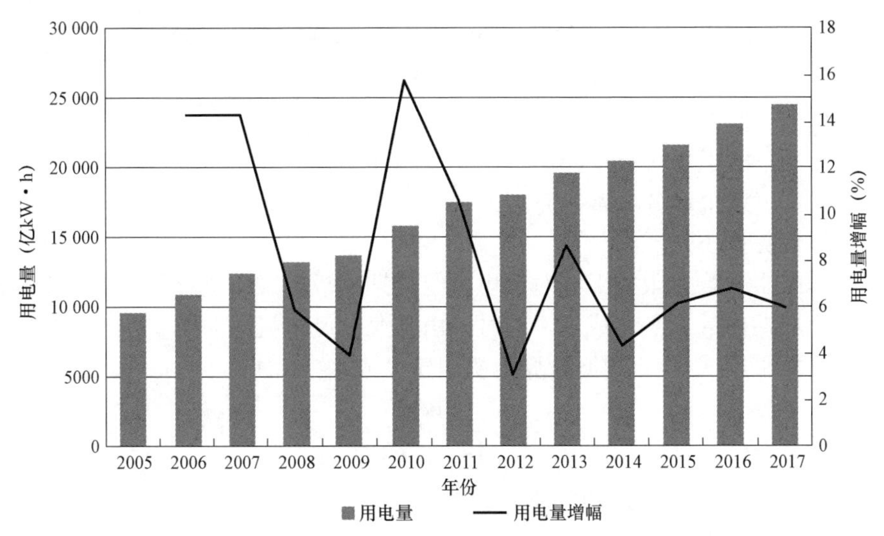

图 4－7　2005—2017 年我国东部部分省份用电量及增幅

4.4　计及负荷增长的多目标海上风电有序规划模型

相较于传统火力发电，风力发电能够带来更多更长远的环境和经济效益。在规划过程中如何计及特殊性因素，保证出力和有效负荷协同增长非常重要。因此，以风电场经济综合效益最大、系统低谷时刻负调峰能力最大为目标，综合考虑设备利用率和与负荷增长的匹配性，建立风电装机规划多目标模型。

4.4.1　目标函数

选择最大经济效益、低谷负调峰能力最大为优化的目标函数，建立如式（4－36）所示的多目标模型：

$$\max: F = \sum_{i=3}^{4} W_i - \sum_{j=1}^{2} W_j \tag{4-36}$$

$$\max: \Delta H = \sum_{t\in T_{\mathrm{L}}}^{\Sigma} \left(L_t - \sum_{i=1}^{N\Sigma} I_{i,t} P_{i,\min} \right)$$

式中　F ——风电场的年投资效益，元；

ΔH ——负荷低谷时刻的负调峰容量，MW；

N ——其他电源机组数目；

$I_{i,t}$ ——机组 i 在时段 t 的运行状态，通过常规机组组合问题求解；

L_t ——时段 t 的负荷需求，MW；

$P_{i,\min}$ ——机组 i 的最小技术出力，MW；

T_{L} ——低谷时刻的时段数；

W_i ——风电场收益，元；

W_j ——风电场各成本，元。

具体计算如下：

本书采用平均年限折旧法对风电机组的期初投资成本进行折旧，并将其作为全寿命周期内的年平均成本。同时，由于海上风电机组的成本在建设初期占比较大，故采用式（4－37）计算其初期建设成本：

$$W_1 = \frac{W_{\mathrm{s}} i_{\mathrm{b}}}{1-(1+i_0)^{-t_{\mathrm{s}}}} \tag{4-37}$$

式中 W_1 ——风电场年均初期建设成本；

i_{b} ——贷款利率；

t_{s} ——机组使用年限；

W_{s} ——初期建设成本，可采用式（4－38）计算。

$$W_{\mathrm{s}} = \frac{Zl}{p_{\mathrm{s}}} \tag{4-38}$$

式中 Z ——规划的海上风电机组装机容量，kW；

l ——单位容量成本，元/kW；

p_{s} ——初期建设投资费用在总投资中的占比。

将机组的年均维护费用作为建设成本的另一个经济评价指标：

$$W_2 = T_{\mathrm{p}} Z_{\mathrm{p}} Y \tag{4-39}$$

式中 W_2 ——年均维护费用；

Y ——日维护费用；

T_{p} ——年天数；

Z_{p} ——典型的日出力值，可根据式（4－40）求解：

$$Z_{\mathrm{p}} = \sum_{t=0}^{24} P_{\mathrm{r}}^t Z \tag{4-40}$$

式中 P_{r}^t ——所选典型日的第 t 个时段的风电出力同时率。

将风电机组使用年限内的年平均售电收益作为风电场收益指标之一，如下：

$$W_3 = Z_{\mathrm{p}} S \tag{4-41}$$

式中 W_3 ——风电场年售电收益；

S ——当地风电的上网电价。

假设补贴条件为 600 元/kW，则可利用式（4－42）计算使用年限内的年均补贴值，如下：

$$W_4 = \frac{600Z}{t_s} \tag{4-42}$$

4.4.2　约束条件

（1）设备利用率约束：

$$R = o_w^n / o_e^n \times 100\% \geqslant \eta_1 \tag{4-43}$$

式中　R——设备利用率；

o_w^n——第 n 年海上风电发电量；

o_e^n——第 n 年海上风电装机容量；

η_1——决策者根据实际要求设定的设备利用率最小值。

（2）与负荷增长的匹配性约束：

$$\Delta S = \Delta S_w / \Delta S_l,\ \delta_1 \leqslant \Delta S \leqslant \delta_2 \tag{4-44}$$

式中　ΔS_l——当年负荷增长率；

ΔS_w——表示当年海上风电装机增长率；

ΔS——海上风电增长率对负荷增长率的满足程度；

$[\delta_1, \delta_2]$——海上风电满足用电负荷的期望比例区间，根据规划确定。

（3）有功功率平衡约束：

$$\sum_{i=1}^{N} I_{i,t} P_{i,t} + W_{p,t} - L_t = 0 \tag{4-45}$$

式中　L_t——时刻 t 下的用电负荷；

$I_{i,t}$——t 时刻第 i 个常规机组启停状况，取 0 时为“停”、取 1 时为“启”；

$P_{i,t}$——t 时刻常规机组出力值；

$W_{p,t}$——t 时刻风机出力值，可由式（4－46）计算：

$$W_{p,t} = Z P_r^{\,t} \tag{4-46}$$

式中　Z——风电总的装机容量；

P_r^t——典型日第 t 时刻出力同时率。

（4）常规机组备用约束：

$$\sum_{i=1}^{N} I_{i,t} P_{i,\max} + \mathrm{W}_{p,t} \geqslant L_t + R_t \tag{4-47}$$

式中　$P_{i,\max}$——第 i 个常规机组最大出力；

R_t——第 t 时刻的备用需求。

（5）常规机组出力约束：

$$P_{i,\min} \leqslant P_{i,t} \leqslant P_{i,\max} \tag{4-48}$$

式中　$P_{i,\min}$——第 i 个常规机组最小出力。

（6）常规机组爬坡约束：

$$\begin{aligned} P_{i,t} - P_{i,t-1} &\leqslant P_{i,\mathrm{up}}, (P_{i,t} \geqslant P_{i,t-1}) \\ P_{i,t} - P_{i,t-1} &\leqslant P_{i,\mathrm{down}}, (P_{i,t} \leqslant P_{i,t-1}) \end{aligned} \tag{4-49}$$

式中　$P_{i,\mathrm{up}}$——单位时间内第 i 个常规机组最大上升功率，MW；

$P_{i,\mathrm{down}}$——单位时间内第 i 个常规机组最大下降功率，MW。

（7）风电装机量约束：

$$Z \leqslant Z_{\mathrm{m}} \tag{4-50}$$

式中　Z_{m}——最大装机容量。

4.4.3　求解算法

（1）Pareto 前沿的确定。与一般优化问题相比，多目标优化问题的求解方法并不是唯一的，而是存在于由多个解组成的最优解集中。上述集合称为 Pareto，集合中的元素称为 Pareto 最优或非劣最优。本书采用非支配排序遗传算法 NSGA－Ⅱ来解决海上风电多目标规划问题。非支配排序遗传算法 NSGA－Ⅱ的基本流程如图 4－8 所示。

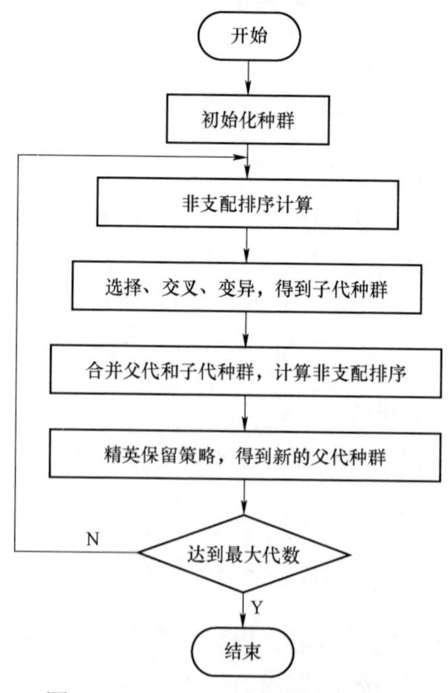

图 4－8　NSGA－Ⅱ算法基本流程

（2）折中解的确定。Pareto 解集是多个可行解的集合，为了确定最终的方案，还需要从 Pareto 前沿中选取经济成本和负调峰能力相平衡的这种方案。目前有研究基于模糊理论求取 Pareto 前沿中的折中解。

首先，计算模糊集，模糊集由模糊函数 fu_i 确定：

$$fu_i = \begin{cases} 0, g_i \geqslant g_{i,\max} \\ \dfrac{g_{i,\max} - g_i}{g_{i,\max} - g_{i,\min}}, g_{i,\min} \leqslant g_i \leqslant g_{i,\max} \\ 1, g_i \leqslant g_{i,\min} \end{cases} \tag{4-51}$$

式中　$g_{i,\min}$——Pareto 前沿中第 i 个目标的最小值；

$g_{i,\max}$——Pareto 前沿中第 i 个目标的最大值。

其次，对于第 j 个非支配解，可根据式（4－52）计算其模糊隶属度 fu_j：

$$fu_j = \frac{\sum_{i=1}^{M_g} fu_{ij}}{\sum_{j=1}^{I}\sum_{i=1}^{M_g} fu_{ij}} \tag{4-52}$$

式中　j——Pareto 前沿中的非支配解数量；

M_g——目标个数。

4.5　案　例　分　析

4.5.1　基础数据

以上文海上风电装机数据及东部沿海地区负荷，海上风电造价及上网电价数据为基础，具体测算边界条件见表 4－9。其中，根据目前调研的江苏、福建、上海的海上风电项目单位造价，预测 2020、2025 年和 2030 年分省海上风电项目的单位造价。

按照相关风电上网电价政策显示，2020 年全国海上风电统一的标杆上网电价为 0.75 元/（kW・h），2025 年预计下调至 0.55 元/（kW・h），2030 年实现海上风电全面平价上网，即上网电价为当地脱硫燃煤标杆上网电价。

4.5.2　规划结果

本算例运用 NSGA－Ⅱ算法，将设备利用率最小值 η_1 设定为 90%，与负荷增长的匹配性区间$[\delta_1, \delta_2]$设定为8～10，如图4－9所示，风电场年效益越大，负调峰能力相对减小。当负调峰能力在103 000～105 000MW时，风电场年效益平缓下降；当负调峰能力大于105 000MW时，风电场年效益急剧下降，每增加一单位负调峰能力所带来的效益呈下降趋势。

根据相关模糊隶属度的求解方法，可以计算得出如图4－10所示的Pareto前沿中非支配解的风电装机容量与模糊隶属度的关系。当装机量大于1800MW且小于3300MW时，隶属度随装机量增加而变大；当装机量大于3400MW时，模糊隶属度呈现出递减趋势。

本书选取了2个最大隶属度，对所研究的规划方案进行测算，并在Pareto前沿中标记，各方案具体情况和数据见表4－10。

表4－9　　沿海省份海上风电经济性测算的主要边界条件

2020年	上网电价［元/（kW·h）］	资源对应小时数（h）	单位造价（元/kW）
上海	0.75	2800	12 600
江苏	0.75	2800	12 000
浙江	0.75	2600	13 000
福建	0.75	3800	13 000
广东	0.75	3000	13 500
2025年	上网电价［元/（kW·h）］	资源对应小时数（h）	初始投资（元/kW）
上海	0.55	2800	9450
江苏	0.55	2800	9000
浙江	0.55	2600	9750
福建	0.55	3800	9750
广东	0.55	3000	10 125
2030年	上网电价［元/（kW·h）］	资源对应小时数（h）	初始投资（元/kW）
上海	0.416	2800	6300
江苏	0.391	2800	6000
浙江	0.415	2600	6500
福建	0.393	3800	6500
广东	0.453	3000	6750

表 4-10　　方案 1 和方案 2 的建设数据

项目	方案 1	方案 2
海上风电装机容量（MW）	3309	3398
风电场年效益（亿元）	13.42	13.18
负调峰能力（MW）	10 464	10 489
隶属度	0.018 9	0.018 9
设备利用率（%）	94.72	95.69
与负荷增长的协同性（%）	95.47	94.33

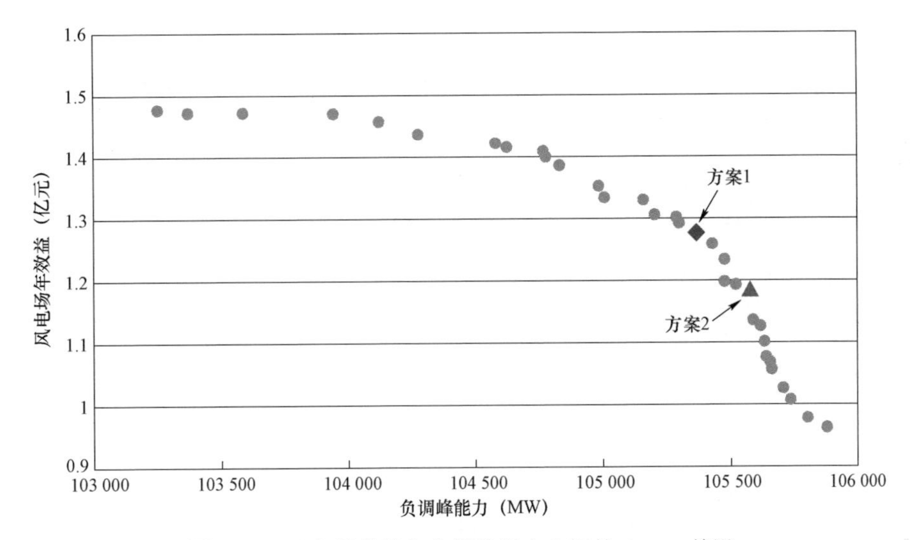

图 4-9　风电场效益和负调峰能力之间的 Pareto 前沿

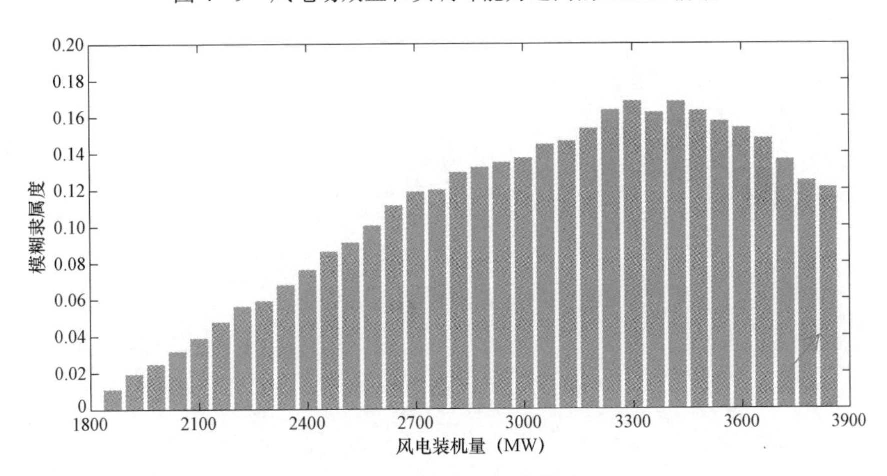

图 4-10　非支配解隶属度

4.5.3 结果分析

在得到 Pareto 前沿获取所有风电规划方案的备选方案后，根据当地实际负荷增长需求和风电场自身发展需要，做出以下建议：若规划人员希望有较大的经济效益，则可考虑选择方案 1；若希望有较大的负调峰能力，则可考虑方案 2。

第 5 章

海上风电汇集与并网系统经济性优化模型

海上风电场一般包含数十台至数百台风力发电机组，分散在深浅不一的海面上，与位于陆地的并网点相距一般在数公里至数十公里之间，特殊的汇集环境和较远的并网距离使得海上风电的汇集不同于陆地风电场。受到海上风电单机发电容量大，机组数量多等因素影响，海上风电场装机规模变化范围较大，针对不同的风电场规模和位置，形成了多种海上风电汇集方式和并网方式。采用不同汇集、并网和接入方式对风电消纳和并网点的影响程度差异较大，需要对海上风电汇集与并网方式开展优化研究。

5.1 典型海上风电汇集方式对比

海上风电场功率汇集系统通常由海上风电机组、海底集电电缆、开关设备、变压器等设备组成，功率汇集系统的示意图如图 5－1 所示。

集电系统通常采用交流拓扑结构，主要有链形、星形、单边环形、双边环形和复合环形等。以下重点介绍汇集系统拓扑。

（1）放射形拓扑结构。放射形拓扑可分为链形和树形两种，分别如图 5－2（a）和图 5－2（b）所示，其中链形拓扑是树形拓扑的一种特殊情况。放射形拓扑结构的系统中主电缆相对比较短，从母线到馈线末端的电缆横截面直径由大逐渐变小。放射形拓扑结构具有的优点是成本较低、控制方法简单；但其仍存在可靠性不高的缺点，一旦发生故障，与主电缆相连的设备都会停运。

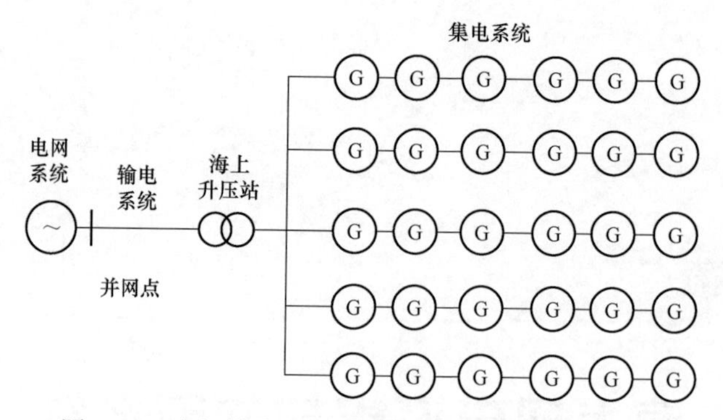

图 5-1　大规模海上风电场功率汇集系统电气结构

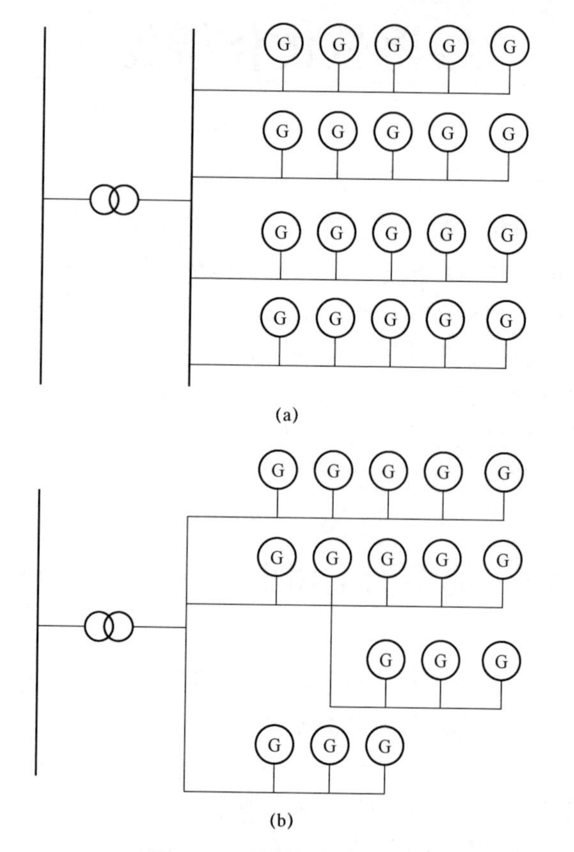

图 5-2　放射形拓扑结构

（a）链形拓扑结构；（b）树形拓扑结构

（2）环形拓扑结构。在放射形拓扑结构的基础上，将电缆末端风机再通过一条单独的馈线重新连接至母线，就构成了环形拓扑结构，如图 5-3 所示。这种情况下，电缆上开关设备在发生故障时可以迅速断开，实现隔离故障的目的，同时确保系统其他环节电能输送的可靠性。环形拓扑结构的优点是可明显提高系统可靠性，但缺点是成本较高且操作比较复杂。

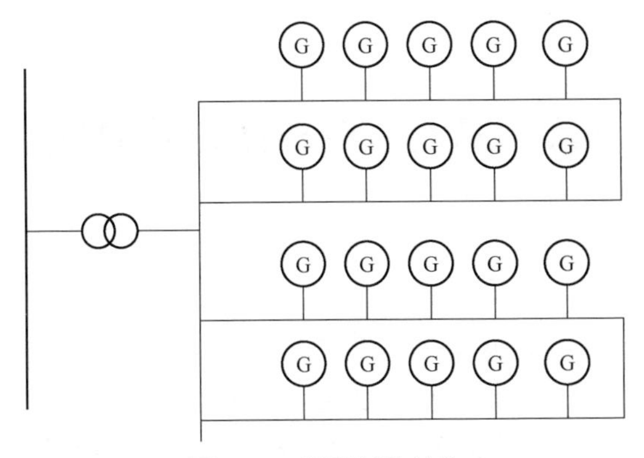

图 5-3　环形拓扑结构

（3）星形拓扑结构。星形拓扑内部结构如图 5-4 所示，可以看出该系统由若干星形形状布局，每台风机的电能输出均汇集到圆心处的汇聚点然后经由母线输出。星形拓扑结构的优点在于每台机组和电缆故障均无法影响其他部分运行，且每个机组都可以实现独立调控。与环形结构相比，星形拓扑结构可有效降低成本；同时，与链形结构相比，该结构又可保证系统具有较高可靠性。但星形拓扑结构的缺点是处于星形结构中心的开关设备较复杂，控制程度比较烦琐。

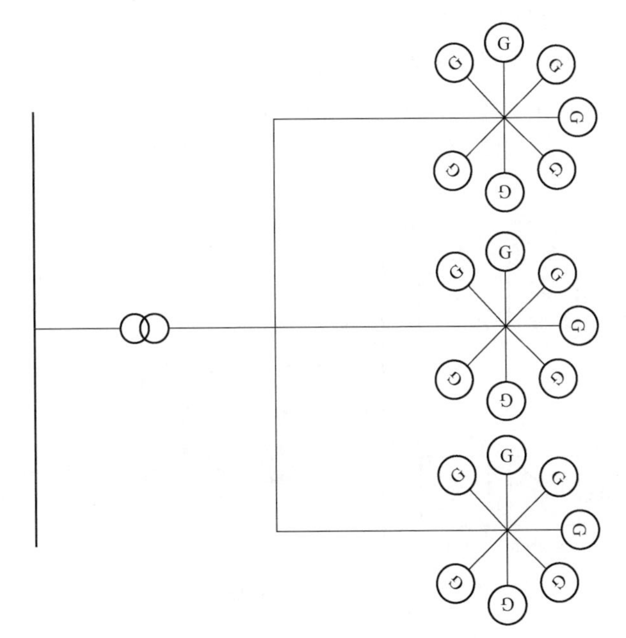

图 5-4　星形拓扑结构

在上述三种拓扑中，星形和环形受其结构复杂、造价高等原因限制，目前在实际应用中较少，这使得放射形拓扑获得了规模化应用，此外在工程实际中，链形是比较常见的拓扑结构。

5.2 海上风电并网方式对比

5.2.1 DC 方式

基于交流汇聚风电场中存在的问题，有学者提出了采用 DC Grid（direct current grid）并网方式，该种并网方式主要特征是以直流 DC/DC 换流器代替海上升压变压器和电压源型换流器。该种方式下，海上风电场的每个风机经过整流器先与直流母线相连，直流升压变换器再将直流侧的电压进行升压到高压传输等级，直流电缆将汇聚的电能传输到近海岸变流器，电能经其逆变后并网。DC 方式的主要特点是能够减小变电站体积和重量，使用 DC/DC 高频变换器使得系统变得更加轻便，同时又减少了损耗，效率显著提高。

海上风电直流传输系统拓扑结构包含以下几种。

第一种拓扑结构如 5－5 图所示，该拓扑采用两级 DC/DC 变换器结构。在每台风力发电机系统后将整流后输出的能量进行一次升压到中压水平同时并联汇聚到直流母线，然后通过第二个 DC/DC 变换系统进行能量汇集升压。该并网拓扑结构的优点是，风机发出的能量直接进行升压，降低了直流电缆上的损耗，此外，各部分电压均可独立控制；然而，由于每台风机出口处都增加了一台 DC/DC 变换器，导致系统增加了额外成本和变流器开关损耗。

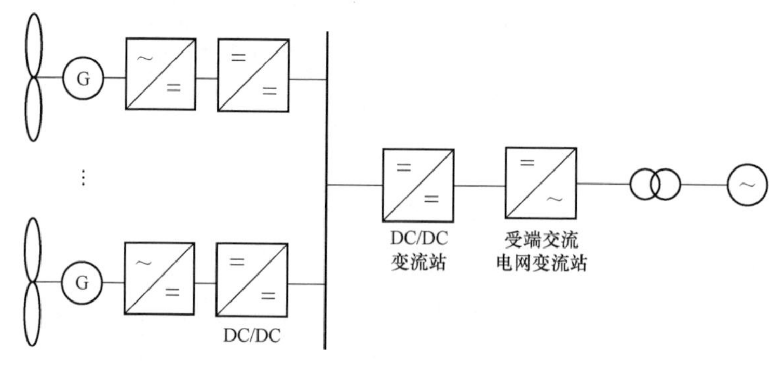

图 5－5　第一种拓扑结构——DC Grid 三级变流系统

第二种拓扑结构如图 5－6 所示，和 DC Grid 三级变流系统类似，在这种方式下，风机发出来的电能直接整流并联汇聚在直流母线上，然后由一个大容量的变流器将系统电压提升到传输水平。这种方式省略了风机侧的 DC/DC 环节，减少了变流器的数量，提高了传输效率；但是，此方式下电压升到传输等级需要离岸 DC/DC 换流器有足够大的占空比，对该变流器的限制要求很高。采用这种拓扑可去除机端 DC/DC 变流器，提升了经济性；但由于变成了两个电压等级，故电压传输等级很大程度上受限于风机输出电压，且电压小时还会造成线损增加。

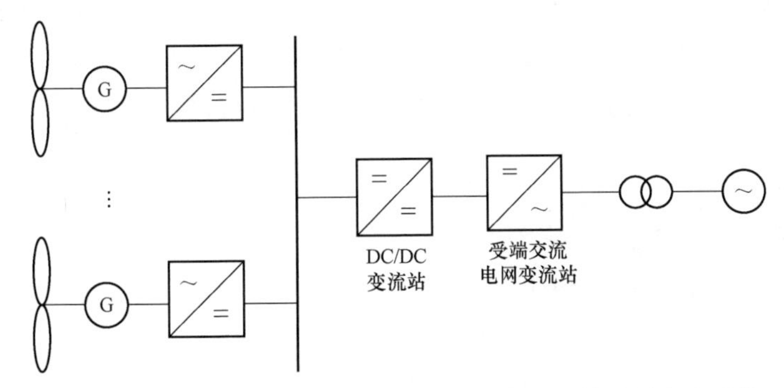

图 5－6　第二种拓扑结构——DC Grid 带变流站的两级变流系统

第三种拓扑结构如图 5－7 所示，每个风机经过整流后升压并联连接在直流母线上，与 DC Grid 带变流站的两级变流系统类似，只有两个电压等级，由于提前升压使得直流母线损耗降低，传输效率提高，但电压传输等级受到限制，完全依赖于风机出口电压。此拓扑结构与 DC Grid 三级变流系统相比又减少了换流器的投资成本；而与 DC Grid 带变流站的两级变流系统相比，增加了 DC/DC 换流器的成本。

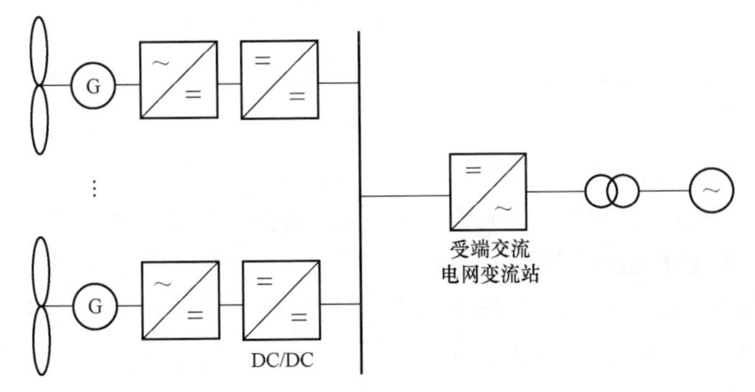

图 5－7　第三种拓扑结构——DC Grid 无变流站的两级变流系统

综上，这三种拓扑结构各有优缺点。图 5－5 的三级变流系统适合高电压等级传输，图 5－6 带变流站的两级变流系统适合风机出口电压等级高、且电压传输等级相对较低的情况。无变流站的两级变流系统较带变流站的两级变流系统同样是两级结构，虽然可靠性比带变流站的两级变流系统要高，但是从经济性角度来看，不及带变流站的两级变流系统方案；从损耗角度来看，带变流站的两级变流系统也优于无变流站的两级变流系统。

5.2.2 HVAC 并网方式

基于高压交流（high voltage alternating current，HVAC）的并网方式如图 5－8 所示，换流器将幅值和频率变化的交流电转换为恒压恒频交流电，经过机侧升压变压器升压，电能从交流海底电缆传输到陆上变电站。

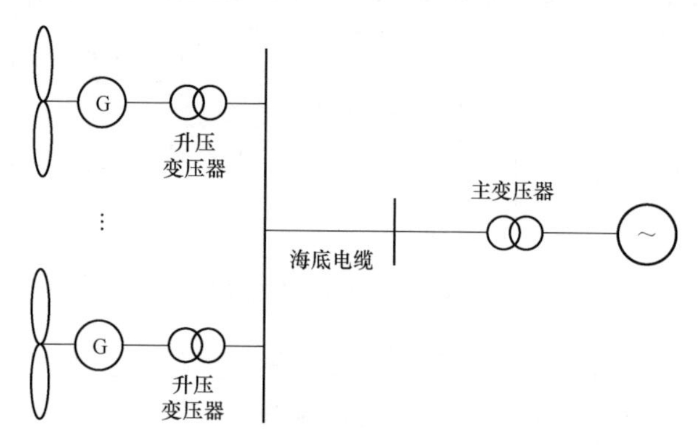

图 5－8　基于 HVAC 技术的海上风电结构

高压交流输电方案是最为传统的方案，也是现如今投入使用的工程中最为常见的。高压交流输电方案成本较低且结构简单，但由于交流电缆存在充电电流效应，一般需要在两端增设无功补偿装置，所以对小规模近距离的风电场更加适应。距离海岸小于 100km 且建设规模在 200MW 以内的海上风电场，比较适合采用 HVAC 方式，而若将 HVAC 并网技术用于大规模远距离的海上风电场时，会导致以下问题：

（1）在海上风电系统传输有功功率一定时，跟直流输电系统相比，交流输电系统会产生更大的损耗，交流输电系统的线路损耗随着传输距离的增加而增大，同时线路造价也随之增大。

（2）交流海底电缆会产生很大的容性无功功率，造成无功功率损耗，海底电缆又无法在海底进行无功功率补偿，所以交流传输不适合远距离传输。

（3）交流输电方式下如果电网发生故障，故障不能隔离导致整个风电场失稳，不利于整个电网稳定运行。

5.2.3　HVDC 并网方式

高压直流输电（high voltage direct current，HVDC）主要包含基于线换相换流器（line commutated converter，LCC）的 LCC－HVDC 高压直流输电和基于自换向电压源换流器（voltage source converter，VSC）的 VSC－HVDC 柔性直流输电这两种关键技术。分别介绍如下：

（1）海上风电 LCC－HVDC 并网方式。LCC－HVDC 的并网方式如图 5－9 所示。采用 LCC－HVDC 技术具有线路造价低、成本更加低廉、可适应风电场的大范围频率波动、效率高且不受传输距离限制等优势；但 LCC－HVDC 方式又存在自身不能进行无功功率补偿、能量不能双向传输、容易换相失败、不具有黑启动能力等缺点。

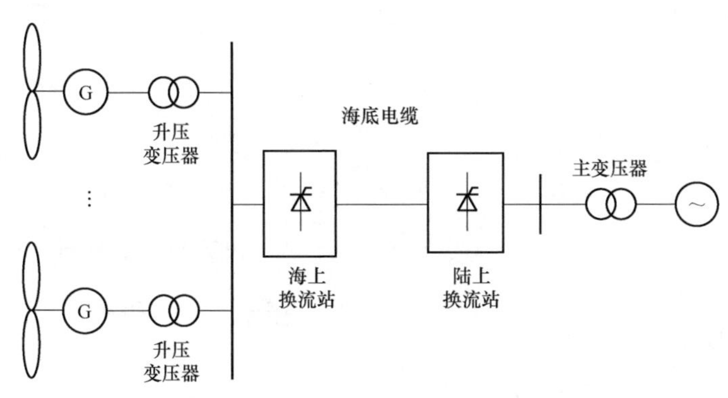

图 5－9　基于 LCC－HVDC 的海上风电结构

（2）海上风电 VSC－HVDC 柔性并网方式。如图 5－10 所示为典型的基于 VSC－HVDC 的柔性输电并网结构。柔性直流输电技术是基于 IGBT 等全控型器件以及脉宽调制技术，实现交流侧有功功率和无功功率的独立控制，以及风电功率的稳定输送和电网稳定运行。

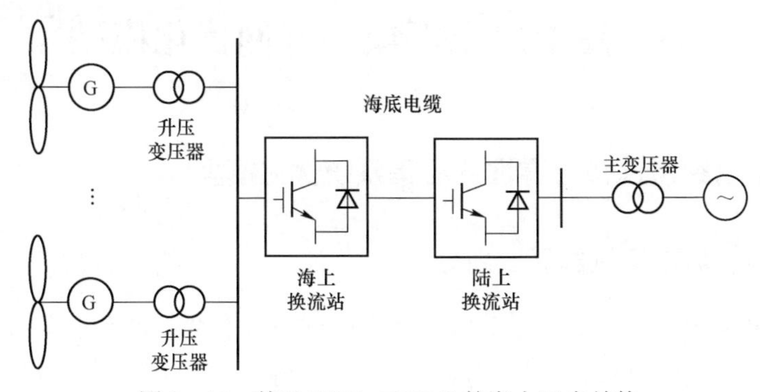

图 5－10　基于 VSC－HVDC 的海上风电结构

与传统的交流并网方式和传统的高压直流输电技术相比，特别是在高压大功率远距离传输电时，交流输电方式损耗大、海底电缆的电容效应会增大无功功率损耗，降低有效负荷能力，同时海底电缆线难以就地补偿无功功率，传统的直流输电技术（LCC－HVDC）需要大量无功补偿和滤波装置，经济成本更高；而柔性直流输电技术不存在换相失败，能够连接无源网络，交流侧不需要提供无功功率补偿，能实现有功功率和无功功率的独立控制，具备黑启动能力等优势，在高压大功率远距离的传输中具有明显的发展前景。

5.2.4 分频并网方式

分频输电系统如图 5－11 所示，该系统特点是采用比工频更低的频率（50/3Hz）进行电能传输。这种方式不提高电压等级，可减小输电电气距离，提高功率输送能力，能有效降低整个系统的线路建设成本。

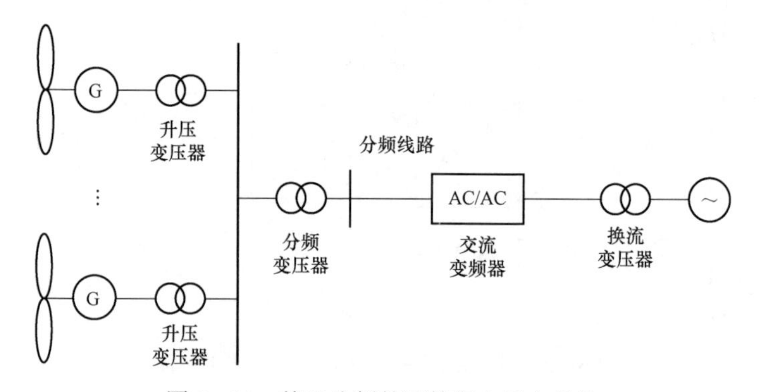

图 5－11 基于分频并网的海上风电结构

分频系统具有减小输电阻抗、提高传输效率、易形成多端网络等优点。但其低频侧变压器体积和重量至少为工频变压器的两倍，因此造价大大增加。

5.3 海上风电汇集与并网优化模型

5.3.1 融合经济性和可靠性的汇集系统优化模型

5.3.1.1 海上风电场机群区域划分

文中采用 FCM 算法对海上风电变电区域进行划分。设海上风电场的风电机组台数和变电站数量分别为 N_{WT} 和 N_{sub}，可得给定海上变电站数目的范围为

$n\in[1, N_{sub}]$，进一步取 FCM 的价值函数为：

$$J=\sum_{i=1}^{n}\sum_{j=1}^{N_{WT}}u_{ij}^{m}d_{ij}^{2} \tag{5-1}$$

式中　m——加权系数，取值范围为（1，∞）；

u_{ij}^{m}——隶属度权重，取值 0～1；

d_{ij}——第 i 个变电站与第 j 个风机间的欧几里得距离，$d_{ij}=\|O_i-X_j\|$，其中 X_j 为第 j 台风机节点位置（j=1，2，…，N_{WT}），O_i 为第 i 个变电站位置，可按式（5-2）进行求解。

$$O_i(k+1)=\sum_{j=1}^{n}u_{ij}^{m}(k)X_j\Big/\sum_{j=1}^{n}u_{ij}^{m}(k) \tag{5-2}$$

在第 k 次迭代中，若 $\forall j,r,d_{rj}(k)>0$，则：

$$u_{ij}=\frac{1}{\sum_{r=1}^{c}\left[\frac{d_{ij}(k)}{d_{rj}(k)}\right]^{\frac{2}{m-1}}} \tag{5-3}$$

若 $\forall j,r,d_{rj}(k)=0$，则：

$$u_{ij}(k)=\begin{cases}0, i\neq r\\1, 其他\end{cases} \tag{5-4}$$

当 $\|O(k+1)-O(k)\|$ 的矩阵范数小于给定阈值时迭代结束，便可确定第 n 个变电站位置。

5.3.1.2　汇集方式优化模型

海上风电场功率汇集系统的成本和可靠性的优化函数目标 F 可表示为：

$$F=\lambda_1C_t+\lambda_2R \tag{5-5}$$

式中　C_t——投资成本；

R——可靠性指标；

λ_1——经济性权重系数；

λ_2——可靠性权重系数。

总投资 C_t 可以表示为：

$$C_t=C_0+C_C+C_S \tag{5-6}$$

式中　C_0——基本投资；

C_C——海底电缆成本；

C_S——升压变电站成本。

为节约汇集导线成本，不同汇聚处的机组馈线可选择不同截面电缆，其等效电路如图 5-12 所示电路。

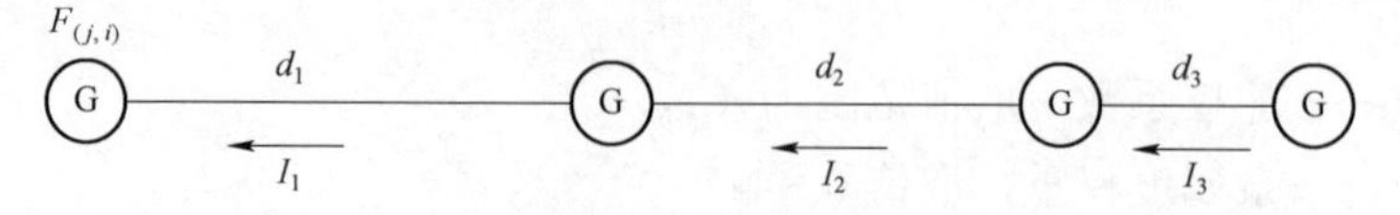

图 5-12　第 j 个升压变的第 i 条馈线等效电路

设 $C(F_{j,i})$ 为第 j 座升压变电站第 i 条馈线的投资成本，则汇集导线成本可表示为：

$$C(F_{j,i})=\sum_{m=1}^{N_{F(j,i)}}C_{CB}d_m \tag{5-7}$$

式中　C_{CB}——第 i 条馈线第 m 段线路造价；

d_m——第 i 条馈线第 m 段线路长度；

$N_{F(j,i)}$——第 i 条馈线第 m 段线路馈线段数。

因此，优化问题可描述为：

$$\min[C_t] \tag{5-8}$$

$$\min\left\{K\left[\sum_{j=1}^{N_s}\sum_{i=1}^{N_{Fi}}C(F_{j,i})\right]+\sum_{j=1}^{N_s}C_{sj}+C_0\right\} \tag{5-9}$$

约束条件为：

$$\begin{cases} I_{Lm}\leqslant I_{rated} \\ X_i\bigcap\limits_{\substack{i,j\in X\\ i\neq j}}X_j=\varphi \\ X_i\bigcup\limits_{\substack{i,j\in X\\ i\neq j}}X_j=X \end{cases} \tag{5-10}$$

式中　C_{sj} 和 X——分别为第 j 座升压变电站的投资成本和升压变电站和风电机组节点的集合；

N_s——升压变的总个数；

N_{Fi}——第 i 个升压变的馈线数目；

I_{Lm}——$F(j,i)$ 条馈线中第 m 段线路运行电流；

I_{rated}——$F(j,i)$ 条馈线中第 m 段线路额定电流。

5.3.1.3　基于改进单亲遗传算法经济性分析模型

本书提出一种改进的协同进化单亲遗传算法（genetic algorithm，GA），并借鉴 TSP 的优化求解，提升其寻优效率。流程如下：

（1）需要确定编码方式与适应度函数。确定编码方式是对风电机组进行编号，并确保染色体每一位基因与风电机组序号一一对应。以投资成本 C_{total} 作为适应度函数 f，则：

$$f=C_{total} \tag{5-11}$$

（2）种群分组遗传操作。种群分组遗传操作是将风电场的所有机群进行分组，并对每组机群的父代最优个体进行基因重组，直到最优个体收敛或到达迭代次数时，可终止算法。

文中改进的协同进化单亲遗传进化算法流程如图 5－13 所示。

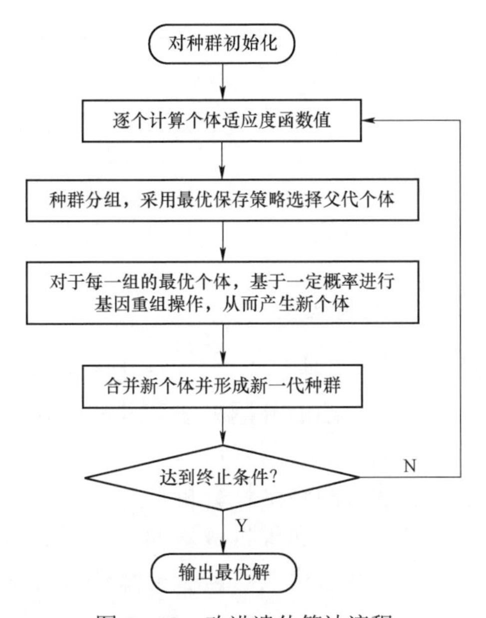

图 5－13　改进遗传算法流程

5.3.1.4　功率汇集系统的可靠性评估

在对汇集系统拓扑结构可靠性进行评估时，主要考虑风电机组、集线电缆、开断设备故障的情况。假定风电机组故障发生概率为 λ_G，如图 5－14（a）和图 5－14（b）所示分别表示海上风机之间相联和风机与变电站相联的简化示意图，图中“1”和“2”分别代表各支路的开关。

汇集电缆元件的等效停运概率 λ_{cable} 为：

$$\lambda_{cable}=\sum_{i=1}^{3}\lambda_i \tag{5-12}$$

式中　λ_i——系统中第 i 个元件的故障率。

可靠性指标选用风电功率汇集系统的等效容量 S_{EQ}，评估风电功率汇集点的平均出力。

$$S_{EQ}=\frac{\int_0^n[P(t)\times 1]\mathrm{d}t}{n} \tag{5-13}$$

式中　$P(t)$——第 t 次仿真的平均可用容量；

n——第 t 次仿真的仿真时间。

上述可靠性优化流程如图 5-15 所示。

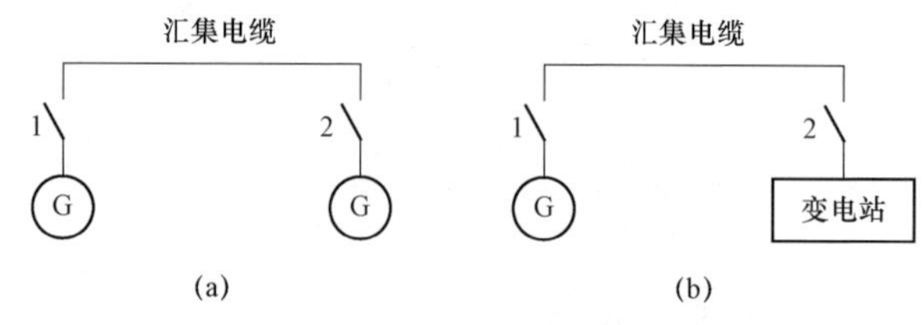

图 5-14　汇集电缆系统

5.3.2　并网系统经济性优化模型

海上风电并网方式可采用多种形式和类型实现，在面对不同开发情景和开发条件的项目时，如何选择合适的并网系统和并网方式是必须解决的一项工作，并网系统优化的最终目标是选择经济性好、适用性强的并网方案。为此，本节建立了基于现金折现估值的经济性分析模型，即通过预测未来的现金流量来进行估值。该模型能将损耗和维护成本的年值折算为成本现值，实现典型并网方式的经济性评估，并采用改进粒子群算法分析得出最优及次优并网方案。

5.3.2.1　并网经济性组成及现金流折现估值模型

上述并网方式如何进行选择，一方面可从系统容量或者风电场距离来考虑，另一方面可以从交直系统的经济性来讨论。针对可行性较强的几种并网方式，本书选择经济性比较的范围为从海上风电场外部升压变压器的出口处到陆上汇聚点处，简化计算。文中分析的经济性组成包括投资成本、维护成本以及损耗费用。

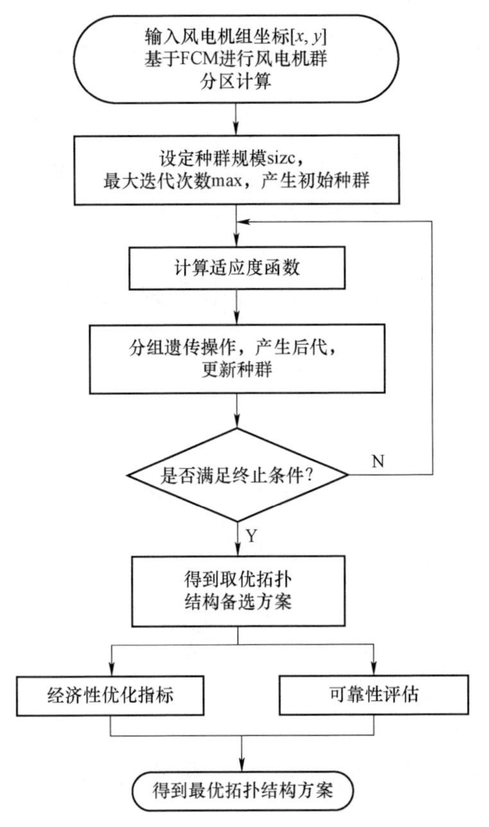

图5－15 海上风电场功率汇集系统拓扑优化流程

现金流折现估值模型（discounted cash flow，DCF）计算法是并网经济性比较的主要方法，即通过预测未来的现金流量来进行估值。该模型可用如下公式描述：

$$P_0=(E_0CF_1)/(1+R)+(E_0CF_2)/(1+R)^2+\cdots \text{（延续到无限期）} \quad (5-14)$$

式中 P_0——当前工程或资产的现有价值；

E_0CF_n——当前情况下考虑相关因素后预测的未来第 n 期产生的自由现金流；

R——自由现金流的折现率。

现金流折现估值模型是一种工程可行的估值方法，其定义为物品的价值等于物品在其剩余生命周期中能够提供的自由现金流现值之和。

（1）投资成本。直流海缆系统的投资成本包括直流海底电缆、敷设、换流站以及直流断路器成本：

$$E=E_1+E_2 \quad (5-15)$$

其中，$E_1=B_i+S_i, E_2=C_1+C_2$。

交流海缆系统的投资成本包括交流海底电缆，敷设以及无功功率补偿设备成本。

（2）维护成本。维护成本是用全生命周期内维护成本占投资成本的比重来表示，通常直流系统维护成本占总投资成本0.5%，交流系统则占总投资成本的1.2%。

（3）损耗费用。

1）换流站损耗。在直流系统中，换流站损耗由损耗率给出，根据相关文献，取换流站损耗率为1.75%；交流系统不存在换流站，因此不需考虑换流站损耗。

2）线路损耗。

$$P_{loss}=\left(\frac{P}{U_{dc}}\right)^2\times 2RL \tag{5-16}$$

式中 P_{loss}——输送功率；

U_{dc}——直流线路的正负极电压差；

R——单位长度直流电阻，对于文中采用的铜材线缆，文中取值为0.036 6Ω/km；

L——直流线路的长度。

交流系统中，线路损耗由导体损耗、护套损耗以及铠装层损耗得到如式（5-17）所示。

$$\begin{cases} P_c=3I_c^2R_cL \\ P_s=3I_s^2R_sL \\ P_A=3I_A^2R_AL \end{cases} \tag{5-17}$$

式中 P_c, P_s, P_A——分别为导体、护套和铠甲的损耗；

I_c, I_s, I_A——分别为铜芯电流和流过护套和铠甲的感应电流。

流过铜芯中的电流大小I_c为：

$$I_c=\frac{P}{\sqrt{3}U_c\cos\varphi} \tag{5-18}$$

式中 U_c——交流线电压；

$\cos\varphi$——变量，取0.95。

（4）成本现金流估值模型。经济性比较方法主要有计算能量传输和现金流模型计算两种方式，本书采取现金流折现估值模型（DCF）来计算。在经济性比较范围中，因维护成本以及损耗费用是成本年值不是成本现值，故采用现金流折现模型将其折算为成本现值，便于不同方案比较。

$$M = C\frac{(1+i)^m - 1}{i(1+i)^m} \tag{5-19}$$

式中　M——资金成本现值；

C——成本年值；

m——生命周期；

i——年利率。

文中生命周期取 m 为 20；i 年利率取 5%。

5.3.2.2　并网经济性分析

粒子群算法（particle swarm optimization，PSO）是一种寻找最优解的一种计算机进化计算。基于该算法建立的总投资成本目标函数以及约束条件为：

$$\begin{cases} \min E_\mathrm{c} \\ \mathrm{s.t.} S_\mathrm{b} \leqslant S_\mathrm{m} \end{cases} \tag{5-20}$$

式中　E_c——海上风电场汇集并网系统的总投资费用；

S_b——每条线路所传输的视在功率；

S_m——每条线路能传输的额定最大视在功率。

设有 r 个满足约束条件的随机粒子参与最优解的迭代求解。同时，均可以由式（5-21）和式（5-22）更新每个参与迭代粒子的速度和位置：

$$v_{d+1} = \omega \cdot v_{d+1} + \varphi_1 \cdot \mathrm{rand}() \cdot (p\mathrm{Best} - x_d) + \varphi_2 \cdot \mathrm{rand}() \cdot (\mathrm{gBest} - x_d) \tag{5-21}$$

$$x_{d+1} = x_d + v_{d+1} \tag{5-22}$$

式中　d——迭代次数；

x_d——d 次迭代的粒子空间位置；

v_{d+1}——d 次迭代的粒子速度；

ω——惯性常数；

φ_1 和 φ_2——学习因子；

rand()——介于（0，1）之间的随机数；

pBest——微粒群的局部最优位置；

gBest——微粒群的全局最优位置。

传统粒子群算法的基本流程如下：

（1）对总数为 N 的一群微粒的速度以及位置进行初始化。

（2）评价每个微粒初始状态的适应值。

（3）将当前微粒适应值与其之前最好的局部位置进行对比，将比较结果显示最好的位置更新为当前局部最优位置 *p*Best。

（4）将当前微粒适应值与其之前最好的全局位置进行对比，将比较结果显示最好的位置更新当前最好全局最优位置 *g*Best。

（5）根据式（5－23），对每个微粒的速度、大小以及位置信息进行调整。

（6）是否达到迭代终止条件，如果达到，则终止跌倒，否则重新返回第（2）步。迭代终止的条件包含最大迭代次数和最小阈值两种。

本书在传统粒子群算法基础上改进其收敛性，即用外点法构造出式（5－23）所示辅助函数 min$F$（X），并将约束通过式（5－24）所示罚函数记进目标函数：

$$\min F(X)=\min\left\{f(X)+\sigma_1\sum_{i=l-l_0+1}^{l}[h_i(X)]^2+\sigma_2\sum_{j=u-u_0+1}^{u}\{\max[0,g_j(X)]\}^2\right\} \tag{5-23}$$

$$\text{s.t.}\begin{cases}h_i(X)=0,i=1,2,L,l-l_0\\g_j(X)\geqslant 0,j=1,2,l,u-u_0\end{cases} \tag{5-24}$$

式中 X——需要优化的向量，$X=(x_1,x_2,\cdots,x_n)^{\mathrm{T}}$；

l——原问题等式约束个数；

u——原问题不等式约束个数；

σ_1——等式约束的罚系数；

σ_2——不等式约束的罚系数。

进一步可得可行域为：

$$S=\{X\mid h_i(X)=0,i=1,2,\cdots,l-l_0,g_j(X)\geqslant 0,j=1,2,\cdots,u-u_0\} \tag{5-25}$$

为了加快迭代速度，文中采取变罚系数处理且初始值取最小，以便扩大搜索范围，罚系数逐步增大，最后求出最终想得到的结果。

$$\sigma_i(k)=[(2/1+\mathrm{e}^{-dk/T})-1]\sigma_i^0 \tag{5-26}$$

式中 d——正系数，主要用于控制 σ_{i} 的变换速度，且 σ_i^0 为 σ_i（k）的上限；

k——迭代次数；

T——迭代次数的上限值。

5.4　案　例　分　析

5.4.1　汇集系统优化算例

设定汇集系统的仿真情景如下：系统有 100 台容量为 1MW 的风机组成，每 10 台机组汇集到母线后升压至 35kV，再通过 2 台 50MVA 变压器升压到 110kV 电网。基于 FCM 算法的海上风电场区域划分结果如图 5－16 所示。

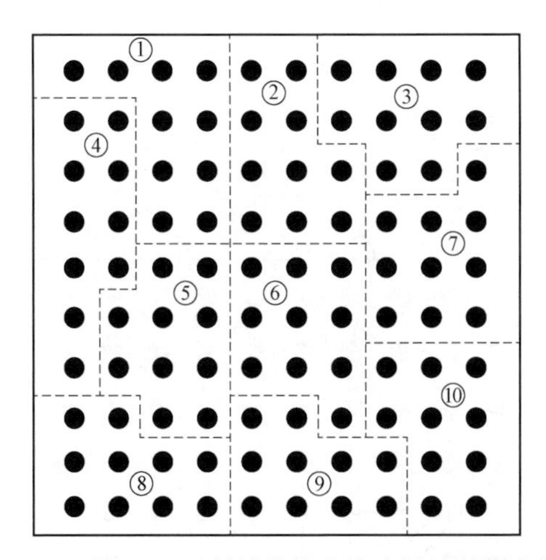

图 5－16　基于 FCM 算法的海上风电场区域划分结果

采用文中所提出的优化方法对区域②内的发电机组进行优化，得到在不同串数下区域内拓扑结构如图 5－17 所示，其中交汇点为优化得到的机组中心，即 35kV 升压变电站的位置。

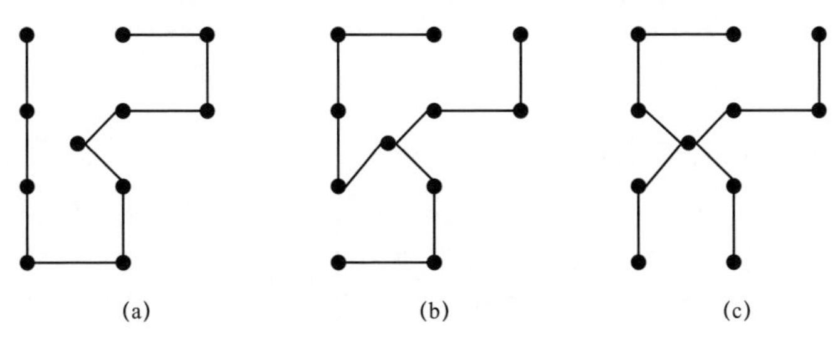

图 5－17　区域②的拓扑优化结果

（a）两串；（b）三串；（c）四串

取经济性权重系数 λ_1 和可靠性权重系数 λ_2 分别为 0.75 和 0.25，可得优化结果见表 5－1。从表 5－1 可以看出，济性指标与电缆长度基本呈正相关关系，3 种优化方案中四串方案电缆长度最短，经济性指标最低且可靠性最优，故选择四串方案作为优选方案。

表 5－1　　不同拓扑优化方案的经济性及可靠性对比

方案	电缆长度（km）	经济性指标（万元）	可靠性指标（MW）	优化目标
两串	28.24	323.35	8.45	244.63
三串	27.31	312.70	8.81	236.73
四串	26.46	302.97	8.89	229.45

进一步选择不同的权重系数 λ_1 和 λ_2 进行经济性和可靠性最优计算，可以得到分区域拓扑连接状况，如图 5－18 所示。

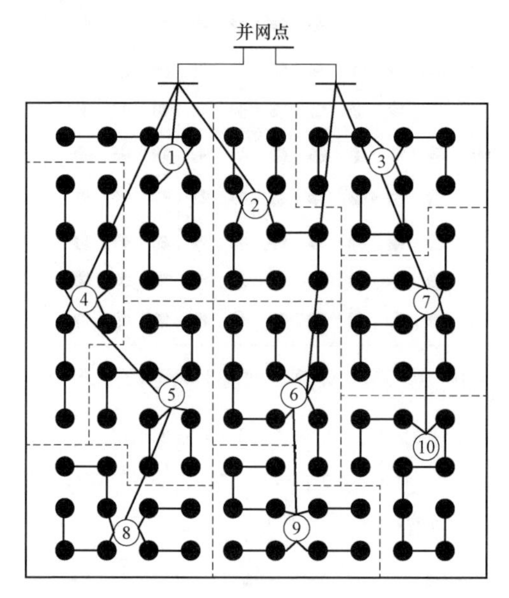

图 5－18　功率汇集系统拓扑优化结果

基于改进前后的单亲遗传算法计算目标函数曲线收敛效果如图 5－19 所示。

综合上述优化结果可以看出，文中所采用的基于 FCM 方法可以快捷对海上风电机组进行分组并确定升压变压器地理位置，实现对地理位置接近的机组进行科学区域规划的目的；同时也能够方便地求得最优的接线方案；此外，文中所提出的改进遗传算法，迭代次数更少，具有更高的寻优效率和收敛效果。

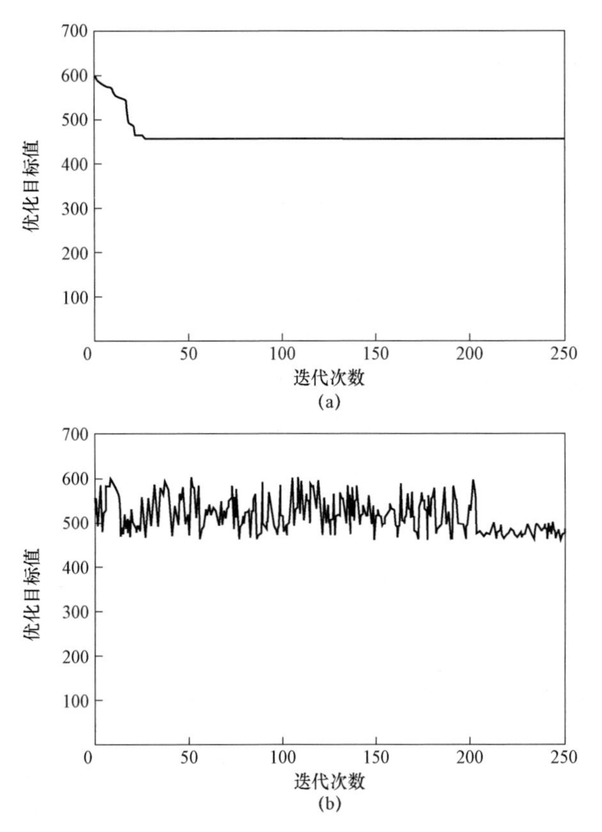

图 5－19　本书改进遗传算法和传统单亲遗传算法的收敛效果对比

（a）文中改进遗传算法；（b）传统单亲遗传算法

5.4.2　并网系统优化实例

基于前述模型及算法，以 W 地区为例进行算例分析，该区共有五个海上风电场，分别为 W1 号、W2 号、W3 号、W4 号、W5 号，每个风电场的容量都为 300MW，总容量为 1500MW，离岸距离在 48～64km 之间，岸上有两个接入点，分别为开关站 1 和开关站 2。海上风电场的其他相关参数见表 5－2。

表 5－2　　W 地区风电场相关参数

风电场名称	装机容量（MW）	等效满负荷利用小时（h）	上网电价［元/（MW・h）］
W1 号	100	3500	0.07
W2 号	60	3500	0.07
W3 号	60	3500	0.07

续表

风电场名称	装机容量（MW）	等效满负荷利用小时（h）	上网电价［元/（MW·h）］
W4 号	60	3300	0.69
W5 号	60	3300	0.69

W 风电场五个风电场采用全交流形式并网输入可得拓扑结构如图 5－20 所示，开关站 1 接入风电 900MW，开关站 2 汇入风电 600MW。风电场经交直流混合并网拓扑结构如图 5－21 所示，W1 号，W2 号，220kV 侧落点合并加上 W3 号一共 900MW 接入岸上开关站 1；W4 号、W5 号，接入岸上开关站 2。海上风电场经柔直并网的拓扑结构如图 5－22 所示，W1 号，W2 号共落点到海上换流站后并网。

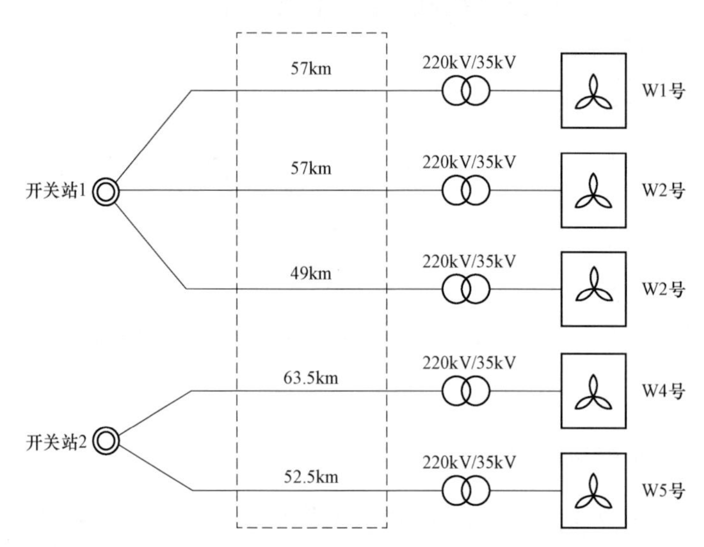

图 5－20　海上风电经 HVAC 并网方式

交流线路损耗部分的三个电阻数值 R_c、R_s、R_A 分别取 0.03、0.21、0.301Ω。现金流折算系数为 12.462 2。取粒子群规模 $N=50$，正系数的 $d=10$，罚系数上限 $\sigma_i^0=80$，$I=1$，2，迭代次数上限 $T=500$。计算结果见表 5－3，从表 5－3 中成本计算结果可以看出，在该算例中，海上风电经过柔性直流系统并网的投资成本和维护成本相对最高，相比之下全交流系统并网的投资成本和维护就小很多；从损耗成本来看，海上风电经全交流系统并网的损耗值最大，柔性直流并网的损耗成本相对较小；通过经济性对比可知，该算例中的海上风电经过柔性直流系统并网投资成本较高。

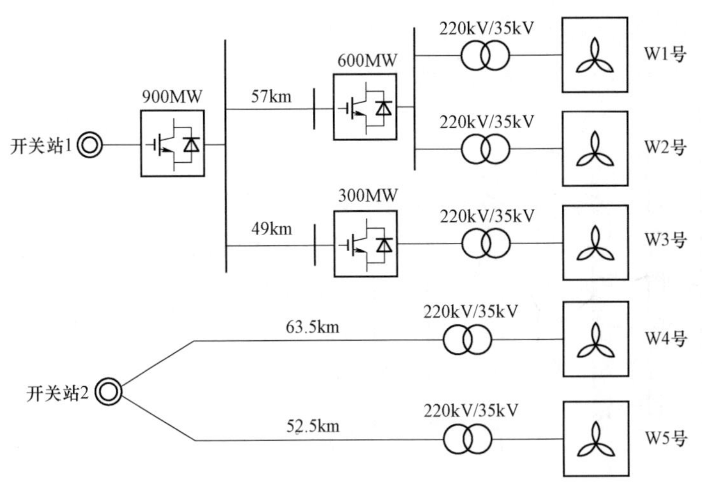

图 5－21　海上风电经交直流混合并网方式

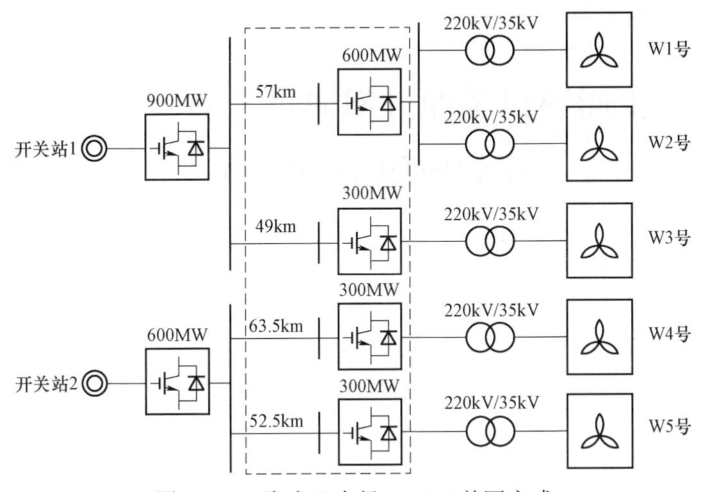

图 5－22　海上风电经 HVDC 并网方式

因此，从经济性角度来看，在离岸距离为小于 50km 时，最优经济的方案为采用全交流并网方式来进行并网方案的设计；当离岸距离在 50～100km 之间时，可以考虑交直流混合并网方式；而当离岸距离大于 100km 时，建议采用柔性直流输电方式并网更加的经济。

表 5－3　　成本计算结果

并网方式	投资成本（万元）	年维护现值（万元）	年损耗现值（万元）	总成本（万元）
全交流并网	121 041.7	18 101.35	256 883.6	396 026.65
交直流混合并网	657 323	45 413.29	142 556.35	845 292.64
柔性直流并网	1 016 669.4	63 349.59	199 358.8	1 279 377.79

对海上直流汇集与交流汇集集电系统进对比，总结了海上直流风电场的前景和优势，并对海上柔性并网方式的应用场景和优势进行归纳总结。结果表明，海上风电直流汇聚系统具有可忽略海上换流站的优势，其投资和维护成本相对较低，且损耗更小，可作为未来首选发展方向。

在并网方面，海上风电 DC Grid 并网方式适合于海上风电直流汇聚系统；在交流汇聚系统的并网方式中，高压交流输电系统 HVAC 构造简单，因其受到交流电缆容性电流的限制，适合近海小规模风场；高压直流输电 HVDC 系统的电缆的电荷积累现象，会影响直流设备绝缘以及可靠性；柔性直流输电系统 VSC－HVDC 的换流器一般容量较小且功率损耗较大，适合小规模风电场，多端口 VSC－HVDC 系统能连接大容量风电场与电网，并且灵活性高；LCC－HVDC 和分频风力发电系统技术相对比较成熟，其容量大、系统损耗小，适用于大规模海上风场。

利用基于现金流折现估值模型，结合算例分析了不同并网方式的经济性，通过改进粒子群算法得出不同条件时的最优的经济并网方案。在离岸距离为小于 50km 时，最优经济的方案为采用全交流并网方式来进行并网方案的设计；当离岸距离在 50～100km 之间时，最优经济并网方案为交直流混合并网方式；而当离岸距离大于 100km 时，最优经济并网方式为柔性直流输电并网方式。

第 6 章

海上风电与多能源协同运行优化模型

海上风电以大规模集中的方式接入电力系统。作为一种随机性波动性电源，海上风电并网后通常会给现有电力系统运行控制上带来不利影响。由于海上风电的并网方式、出力性能、接入点位置及电网特性均与西北地区陆上集中式风电存在显著的差异，传统的陆上风电运行控制理论和模型无法应用于海上风电，必须针对海上风电的特征开展与多种电源的协同运行优化。合理利用虚拟电厂、能效电厂等灵活性负荷资源，能够有效提升新能源的利用效率。海上风电与远端清洁能源通常会同时并入受端电网，也必须实现海上风电与远端清洁能源之间的协同运行优化。本章将围绕以上问题开展构建优化模型研究。

6.1　海上风电与多电源之间的协同运行优化模型

6.1.1　包含海上风电的多电源系统构成

海上风电集成风电场（onshore wind power plant，OWPP）、光伏发电站（photovoltaic power station，PV）、燃气轮机（convention gas turbine，CGT）和抽水蓄能电站（pumped storage power station，PHSP）为多电源系统（multi－power hybrid system，MPHS）。如图 6－1 所示为多电源系统结构图，该系统主要利用集成风电场和光伏发电站满足用户负荷需求。

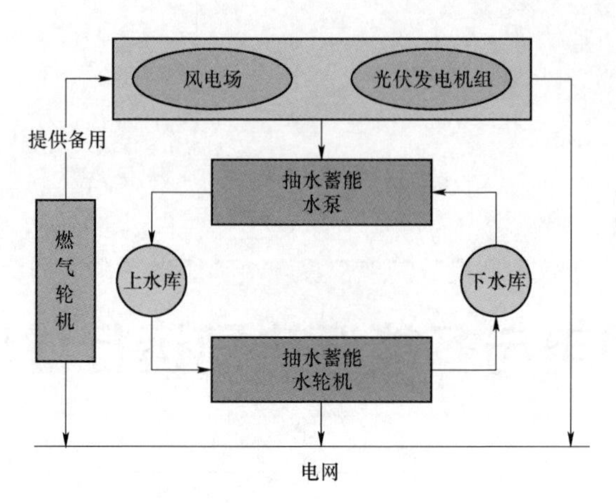

图 6－1　多电源系统结构图

6.1.2　包含海上风电的多电源出力模型

6.1.2.1　海上风电

采用 Rayleigh 分布函数描述海上风电的随机特性如下：

$$f(v)=\frac{\varphi}{\vartheta}\left(\frac{v}{\vartheta}\right)^{\varphi-1}\mathrm{e}^{-(v/\vartheta)^{\varphi}} \tag{6-1}$$

式中　v——实时风速；

φ——风速曲线形状；

ϑ——规模。

由式（6－1）可计算得出风速期望值和方差，进而计算求解风场输出功率分布特点，计算公式如式（6－2）所示：

$$g_{\mathrm{W},t}^{*}=\begin{cases}0, & 0\leqslant v_t<v_{\mathrm{in}},\ v_t>v_{\mathrm{out}}\\ \dfrac{v_t-v_{\mathrm{in}}}{v_{\mathrm{rated}}-v_{\mathrm{in}}}g_{\mathrm{R}}, & v_{\mathrm{in}}\leqslant v_t\leqslant v_{\mathrm{rated}}\\ g_{\mathrm{R}}, & v_{\mathrm{rated}}\leqslant v_t\leqslant v_{\mathrm{out}}\end{cases} \tag{6-2}$$

$$0\leqslant g_{\mathrm{W},t}\leqslant g_{\mathrm{W},t}^{*} \tag{6-3}$$

式中　v_t——OWPP 在时刻 t 的自然风速；

v_{in}——OWPP 在时刻 t 的风场切入风速；

v_{rated}——OWPP 在时刻 t 的额定风速；

v_{out}——OWPP 在时刻 t 的切出风速。

6.1.2.2　光伏

采用 Beta 分布函数描述光能辐射强度及分布特性，可得如式（6－4）所示的光伏发电出力分布函数：

$$f(\theta)=\begin{cases}\dfrac{\Gamma(\alpha)\Gamma(\beta)}{\Gamma(\alpha)+\Gamma(\beta)}\theta^{\alpha-1}(1-\theta)^{\beta-1}, & 0\leqslant\theta\leqslant1,\alpha\geqslant0,\beta\geqslant0\\ 0, & \text{其他}\end{cases} \tag{6-4}$$

式中　α、β ——Beta 分布函数的形状参数；

θ ——光能辐射的强度。

利用式（6－4）可获取光能辐射强度的期望值 u 和方差 σ，进一步可估算参数 α 和 β 如下：

$$\beta=(1-\mu)\times\left[\frac{u\times(1+\mu)}{\sigma^2}-1\right] \tag{6-5}$$

$$\alpha=\frac{\mu\times\beta}{1-u} \tag{6-6}$$

根据式（6－4）～式（6－6）以及光电转换公式，可计算光伏发电在 t 时刻的出力大小为：

$$g_{\mathrm{PV},t}^{*}=\eta_{\mathrm{PV}}\times S_{\mathrm{PV}}\times\theta_t \tag{6-7}$$

$$0\leqslant g_{\mathrm{PV},t}\leqslant g_{\mathrm{PV},t}^{*} \tag{6-8}$$

式中　η_{PV} ——太阳能辐射面积；

S_{PV} ——光能辐射效率；

θ_t ——t 时刻辐射强度。

6.1.2.3　抽水蓄能

该方式包括蓄能和放水发电两种运行工况。当电站处于抽水蓄能工况时，其运行状态可表示如下：

$$g_{\mathrm{P}}^{\mathrm{PS,min}}\leqslant g_{\mathrm{P},t}^{\mathrm{PS}}\leqslant\left(g_{\mathrm{P}}^{\mathrm{PS,max}},\frac{E^{\max}-E_t}{\eta_{\mathrm{P}}\Delta t}\right) \tag{6-9}$$

式中　$g_{\mathrm{P},t}^{\mathrm{PS}}$ ——t 时刻的抽水功率；

$g_{\mathrm{P}}^{\mathrm{PS,min}}$ ——抽水蓄能最小功率；

$g_{\mathrm{P}}^{\mathrm{PS,max}}$ ——抽水蓄能最大功率；

η_{P} ——抽水蓄能工作效率；

$E^{\max}$ ——抽水蓄能最大蓄能量。

E_t ——抽水蓄能 t 时刻的蓄能量。

当电站处于放水发电工况时，运行状态如下：

$$g_{\mathrm{H}}^{\mathrm{PS,min}} \leqslant g_{\mathrm{H},t}^{\mathrm{PS}} \leqslant \min\left[g_{\mathrm{H}}^{\mathrm{PS,max}}, \frac{(E_t - E^{\min})}{\Delta t}\eta_{\mathrm{H}}\right] \tag{6-10}$$

式中 $g_{\mathrm{H},t}^{\mathrm{PS}}$ ——t 时刻的放水发电功率；

$g_{\mathrm{H}}^{\mathrm{PS,min}}$ ——放水发电最小功率；

$g_{\mathrm{H}}^{\mathrm{PS,max}}$ ——放水发电最大功率；

η_{H} ——放水发电运行工况时的工作效率；

$E^{\min}$ ——放水发电运行工况时的最小蓄能量。

6.1.3 MPHS 运行优化模型

6.1.3.1 目标函数

选择运行效益最大化和出力波动最小化作为优化目标，前者为系统侧优化目标，后者为主网侧优化目标。

（1）系统经济效益最大化。多电源系统运行进行效益主要由风电场、光伏电站、抽水蓄能电站和燃气轮机组四种电源收益构成，其具体目标函数如下：

$$\begin{aligned}\max R &= \sum_{t=1}^{T}\left(R_{\mathrm{W},t} + R_{\mathrm{PV},t} + R_{\mathrm{CGT},t} + R_{\mathrm{PS},t}\right)\\ &= \sum_{t=1}^{T}\left\{\begin{matrix}\rho_{\mathrm{W},t}g_{\mathrm{W},t} + \rho_{\mathrm{PV},t}g_{\mathrm{PV},t} + \\ \begin{pmatrix}\rho_{\mathrm{CGT},t}g_{\mathrm{CGT},t} - \\ \pi_{\mathrm{CGT},t}^{\mathrm{pg}} - \pi_{\mathrm{CGT},t}^{\mathrm{ss}}\end{pmatrix} + \begin{pmatrix}\rho_{\mathrm{PS},t}^{\mathrm{H}}g_{\mathrm{PS},t}^{\mathrm{H}} - \\ \rho_{\mathrm{PS},t}^{\mathrm{P}}g_{\mathrm{PS},t}^{\mathrm{P}}\end{pmatrix}\end{matrix}\right\}\end{aligned} \tag{6-11}$$

式中 $R_{\mathrm{W},t}$ ——海上风电电站在 t 时刻的发电收益；

$R_{\mathrm{PV},t}$ ——光伏电站在 t 时刻的发电收益；

$R_{\mathrm{CGT},t}$ ——燃气轮机电站在 t 时刻的发电收益；

$R_{\mathrm{PS},t}$ ——抽水蓄能电站在 t 时刻的发电收益；

$\rho_{\mathrm{W},t}$ ——海上风电的上网电价；

$\rho_{\mathrm{PV},t}$ ——光伏，燃气轮机的上网电价；

$\rho_{\mathrm{CGT},t}$ ——燃气轮机的上网电价；

$\rho_{\mathrm{PS},t}^{\mathrm{H}}$ ——t 时刻抽水蓄能电价；

$\rho_{\mathrm{PS},t}^{\mathrm{P}}$ ——t 时刻放水发电电价；

$g_{\mathrm{CGT},t}$ ——燃气轮机在 t 时刻的发电功率；

$\pi_{\mathrm{CGT},t}^{\mathrm{pg}}$ 和 $\pi_{\mathrm{CGT},t}^{\mathrm{ss}}$ ——分别为燃气轮机组在 t 时刻发电成本和启停成本，可按式（6－12）和式（6－13）计算。

$$\pi_{\mathrm{CGT},t}^{\mathrm{pg}} = a_{\mathrm{CGT}} + b_{\mathrm{CGT}} g_{\mathrm{CGT}} + c_{\mathrm{CGT}} (g_{\mathrm{CGT},t})^2 \tag{6-12}$$

$$\pi_{\mathrm{CGT},t}^{\mathrm{ss}} = \left[u_{\mathrm{CGT},t}(1-u_{\mathrm{CGT},t})\right] D_{\mathrm{CGT},t} \tag{6-13}$$

$$D_{\mathrm{CGT},t} = \begin{cases} N_{\mathrm{CGT}}^{\mathrm{hot}}, T_{\mathrm{CGT}}^{\min} < T_{\mathrm{CGT},t}^{\mathrm{off}} \leqslant T_{\mathrm{CGT}}^{\min} + T_{\mathrm{CGT}}^{\mathrm{cold}} \\ N_{\mathrm{CGT}}^{\mathrm{cold}}, T_{\mathrm{CGT},t}^{\mathrm{off}} > T_{\mathrm{CGT}}^{\min} + T_{\mathrm{CGT}}^{\mathrm{cold}} \end{cases} \tag{6-14}$$

式中 a_{CGT}、b_{CGT} 和 c_{CGT} ——燃气轮机的发电成本参数；
$u_{\mathrm{CGT},t}$ ——燃气轮机在 t 时刻运行状态变量，取 0～1；
$D_{\mathrm{CGT},t}$ ——燃气轮机组的启停成本；
$N_{\mathrm{CGT}}^{\mathrm{hot}}$ ——燃气轮机机组的热启动成本；
$N_{\mathrm{CGT}}^{\mathrm{cold}}$ ——燃气轮机机组的冷启动成本；
$T_{\mathrm{CGT}}^{\min}$ ——燃气轮机最短启停时间；
$T_{\mathrm{CGT},t}^{\mathrm{off}}$ ——燃气轮机在 t 时刻允许停机时间；
$T_{\mathrm{CGT}}^{\mathrm{cold}}$ ——燃气轮机的冷启动时间；
$T_{\mathrm{CGT},t}^{\mathrm{off}}$ ——燃气轮机的停机时间。

（2）出力波动最小化。选择系统净负荷波动最小为运行优化目标，其目标函数如下：

$$\min N = \left\{ \sum_{t=1}^{T} \left[g_{\mathrm{W},t} + g_{\mathrm{PV},t} - \left(g_{\mathrm{PS},t}^{\mathrm{P}} - g_{\mathrm{PS},t}^{\mathrm{H}} \right) - g_{\mathrm{av}} \right]^2 \Big/ T \right\}^{1/2} \tag{6-15}$$

$$g_{\mathrm{av}} = \sum_{t=1}^{T} \left[g_{\mathrm{W},t} + g_{\mathrm{PV},t} - \left(g_{\mathrm{PS},t}^{\mathrm{P}} - g_{\mathrm{PS},t}^{\mathrm{H}} \right) \right] \Big/ T \tag{6-16}$$

式中 N ——风电和光伏输出功率波动的标准差；
T ——系统调度周期平均值；
g_{av} ——系统输出功率平均值。

6.1.3.2 约束条件

对 MEHS 运行约束条件介绍如下：

（1）负荷侧供需平衡：

$$\underbrace{g_{\mathrm{W},t}(1-\varphi_{\mathrm{W}}) + g_{\mathrm{PV},t}(1-\varphi_{\mathrm{PV}}) + (\rho_{\mathrm{PS},t}^{\mathrm{H}} g_{\mathrm{PS},t}^{\mathrm{H}} - \rho_{\mathrm{PS},t}^{\mathrm{P}} g_{\mathrm{PS},t}^{\mathrm{P}}) + g_{\mathrm{CGT},t}(1-\varphi_{\mathrm{CGT}})}_{\text{MPHS发电出力}} + g_{\mathrm{GC},t} = L_t \tag{6-17}$$

式中 φ_{W} ——海上风电发电损失率；

φ_{PV} ——光伏发电损失率；

φ_{CGT} ——燃气轮机的发电损失率；

$g_{\mathrm{GC},t}$ ——系统在时刻 t 向其他发电商的购电量。

（2）抽水蓄能电站运行约束。式（6-18）～式（6-22）所示分别为抽水蓄能电站库容能量平衡约束、库容约束、抽发电量约束、抽水蓄能功率约束和放水发电功率约束。

$$E_t = E_{t-1} + \eta_{\mathrm{P}} g_{\mathrm{PS},t}^{\mathrm{P}} \Delta t - \frac{g_{\mathrm{PS},t}^{\mathrm{H}} \Delta t}{\eta_{\mathrm{H}}} \tag{6-18}$$

$$\frac{E_0 - E^{\max}}{\eta_{\mathrm{P}}} \leqslant \frac{\sum_{t=1}^{T'} g_{\mathrm{PS},t}^{\mathrm{H}} \eta_{\mathrm{H}}}{\eta_{\mathrm{P}}} - \sum_{t=1}^{T'} g_{\mathrm{PS},t}^{\mathrm{P}} \leqslant \frac{E_0 - E^{\min}}{\eta_{\mathrm{P}}} \tag{6-19}$$

$$\frac{\sum_{T' \in T} g_{\mathrm{PS},t}^{\mathrm{H}} \eta_{\mathrm{H}}}{\eta_{\mathrm{P}}} = \sum_{T' \in T} g_{\mathrm{PS},t}^{\mathrm{P}} \tag{6-20}$$

$$K_{\mathrm{PS},t}^{\mathrm{P}} g_{\mathrm{PS},t}^{\mathrm{P,min}} \leqslant g_{\mathrm{PS},t}^{\mathrm{P}} \leqslant K_{\mathrm{PS},t}^{\mathrm{P}} g_{\mathrm{PS},t}^{\mathrm{P,max}} \tag{6-21}$$

$$K_{\mathrm{PS},t}^{\mathrm{H}} g_{\mathrm{PS},t}^{\mathrm{H,min}} \leqslant g_{\mathrm{PS},t}^{\mathrm{H}} \leqslant K_{\mathrm{PS},t}^{\mathrm{H}} g_{\mathrm{PS},t}^{\mathrm{H,max}} \tag{6-22}$$

$$K_{\mathrm{PS},t}^{\mathrm{P}} + K_{\mathrm{PS},t}^{\mathrm{H}} \leqslant 1 \tag{6-23}$$

式中 E_0 ——抽水蓄能电站上下水库初始水量，其中 $T' \in T$；

$K_{\mathrm{PS},t}^{\mathrm{P}}$ ——抽水蓄能电站的蓄能状态变量，取“1”为蓄能，取“0”为不蓄能；

$K_{\mathrm{PS},t}^{\mathrm{H}}$ ——抽水蓄能电站发电状态变量，取“1”为发电，取“0”表示不发电。

（3）系统旋转备用约束。

$$\left(g_{\mathrm{CGT},t}^{\max} - g_{\mathrm{CGT},t}\right) + \left(g_{\mathrm{PS}}^{\mathrm{H,R}} - g_{\mathrm{PS},t}^{\mathrm{H}}\right) + g_{\mathrm{W},t} + g_{\mathrm{PV},t} \geqslant R_{\mathrm{L}} L_t + R_{\mathrm{W},t} g_{\mathrm{W},t} + R_{\mathrm{PV},t} g_{\mathrm{PV,t}} \tag{6-24}$$

$$\left(g_{\mathrm{CGT},t} - g_{\mathrm{CGT},t}^{\min}\right) + \left(g_{\mathrm{PS},t}^{\mathrm{H}} - g_{\mathrm{PS}}^{\mathrm{H,min}}\right) \geqslant R_{\mathrm{L}} L_t + R_{\mathrm{W}} g_{\mathrm{W},t}^{*} + R_{\mathrm{PV},t} g_{\mathrm{PV},t}^{*} \tag{6-25}$$

式中 R_{L} ——旋转备用率，一般为5%；

$R_{\mathrm{W},t}$ ——OWPP 接入而增加的旋转备用率；

$R_{\mathrm{PV},t}$ ——PV 接入而增加的旋转备用率；

$g_{\mathrm{PS}}^{\mathrm{H,R}}$ ——抽水蓄能电站额定发电功率。

（4）燃气轮机运行约束。CGT 运行约束同样也包括发电出力约束、爬坡约束和启停时间约束，具体约束条件见有关文献，文中不再赘述。

6.1.4 MPHS 随机优化模型

6.1.4.1 风光不确定性描述

本书基于海上风电和光伏预测结果对其进行描述，具体见式（6－26）和式（6－27）所示：

$$\tilde{g}_{W,t}=g_{W,t}+\eta_{W,t}e_{W,t}g_{W,t},\eta_{W,t}\in[-1,1] \tag{6-26}$$

$$\tilde{g}_{PV,t}=g_{PV,t}+\eta_{PV,t}e_{PV,t}g_{PV,t},\eta_{PV,t}\in[-1,1] \tag{6-27}$$

式中　$\tilde{g}_{W,t}$ ——海上风电和光伏的不确定性；

$\tilde{g}_{PV,t}$ ——海上风电和光伏的不确定性；

$g_{W,t}$ ——海上风电出力预测值；

$g_{PV,t}$ ——光伏出力预测值；

$\eta_{W,t}$ ——海上风电出力预测误差方向系数；

$\eta_{PV,t}$ ——光伏出力预测误差方向系数。

6.1.4.2 鲁棒调度优化

由式（6－26）和式（6－27）可知，海上风电和光伏的出力分别属于 $[(1-e_{W,t})\cdot g_{W,t},(1+e_{W,t})\cdot g_{W,t}]$ 和 $[(1-e_{PV,t})\cdot g_{PV,t},(1+e_{PV,t})\cdot g_{PV,t}]$。

$$\underbrace{g_{W,t}(1-\varphi_{W})+g_{PV,t}(1-\varphi_{PV})+\left(\rho_{PS,t}^{H}g_{PS,t}^{H}-\rho_{PS,t}^{P}g_{PS,t}^{P}\right)+g_{CGT,t}(1-\varphi_{CGT})}_{\text{MPHS发电出力}}+g_{GC,t}\geqslant L_{t} \tag{6-28}$$

根据式（6－28），设 N_t 为系统净负荷需求，由式（6－29）计算：

$$N_{t}=\left(\rho_{PS,t}^{H}g_{PS,t}^{H}-\rho_{PS,t}^{P}g_{PS,t}^{P}\right)+g_{CGT,t}(1-\varphi_{CGT})+g_{GC,t}-L_{t} \tag{6-29}$$

将式（6－29）代入式（6－28）中可得：

$$-[g_{W,t}(1-\varphi_{W})\pm e_{W,t}\cdot g_{W,t}]-[g_{PV,t}(1-\varphi_{PV})\pm e_{PV,t}\cdot g_{PV,t}]\leqslant H_{t} \tag{6-30}$$

由式（6－30）可得，海上风电和光伏不确定性约束条件是否严格能直接反映其不确定性。为保证当风光出力临近预测边界时上述约束仍能满足，采用式（6－31）和式（6－32）对式（6－30）进行强化处理。

$$\theta_{W,t}\geqslant\left|g_{W,t}(1-\varphi_{W})\pm e_{W,t}\cdot g_{W,t}\right| \tag{6-31}$$

$$\theta_{PV,t}\geqslant\left|g_{PV,t}(1-\varphi_{PV})\pm e_{PV,t}\cdot g_{PV,t}\right| \tag{6-32}$$

将式（6－31）和式（6－32）代入式（6－30）中，可改写其不确定性约束条件，具体改写为：

$$-(g_{W,t}+e_{W,t}g_{W,t})-(g_{PV,t}+e_{PV,t}g_{PV,t})\leqslant -g_{W,t}+e_{W,t}g_{W,t}-g_{PV,t}+e_{PV,t}g_{PV,t} \quad (6-33)$$

$$-g_{W,t}+e_{W,t}g_{W,t}-g_{PV,t}+e_{PV,t}g_{PV,t}\leqslant -g_{W,t}+e_{W,t}\theta_{W,t}-g_{PV,t}+e_{PV,t}\theta_{PV,t}\leqslant H_t \quad (6-34)$$

进一步，为了确保系统鲁棒性，引入风电和光伏鲁棒系数 $\varGamma_W$ 和 $\varGamma_{PV}$，$\varGamma\in[0,1]$，式（6-33）和式（6-34）便可改写为式（6-35）和式（6-36）：

$$-(g_{W,t}+e_{W,t}g_{W,t})-(g_{PV,t}+e_{PV,t}g_{PV,t})\leqslant -g_{W,t}+\varGamma_W e_{W,t}g_{W,t}-g_{PV,t}+\varGamma_{PV}e_{PV,t}g_{PV,t} \quad (6-35)$$

$$-g_{W,t}+\varGamma_W e_{W,t}g_{W,t}-g_{PV,t}+\varGamma_{PV}e_{PV,t}g_{PV,t}\leqslant -g_{W,t}+e_{W,t}\theta_{W,t}-g_{PV,t}+e_{PV,t}\theta_{PV,t}\leqslant H_t \quad (6-36)$$

根据式（6-35）和式（6-36），结合式（6-18）～式（6-25）所示约束条件，便可建立拥有自由调节鲁棒系数的随机优化模型。

6.1.4.3 目标权重系数求解

本书所建立的优化模型包括经济效益最大化和系统出力波动最小化两个目标函数，进一步可基于粗糙集理论计算组合最优化模型的权系数，具体求解的过程如下：

（1）构建关系数据模型。设 f_i 权重为 $1/I$，计算为决策属性的综合目标值 $\tilde{F}$，定义 $D=\{\tilde{F}\}$ 为决策属性集。$U=\{u_1,u_2,\cdots,u_j\}$ 为目标的样本集，$u_j=(f_{1j},f_{2j},\cdots,f_{mj};\tilde{F}_j)$，$u_k$ 为综合最优值，u_k 属性为 $f_i(u_j)=v_{ij}$，$F_i(u_j)=\tilde{F}_j$。

（2）计算 R_V 对 R_D 的依赖度。

$$r_{R_V}(R_D)=\frac{\sum\rho[R_V([\tilde{F}]_{R_D})]}{\rho(U)} \quad (6-37)$$

式中 R_V、R_D——知识基数；

$\rho()$ ——集合基数；

$r_{R_V}(R_D)$——R_V 对 R_D 的依赖程度。

（3）求解 R_V 对 $R_{V-|v_i|}$ 的依赖度。

$$r_{R_{V-|v_i|}}(R_D)=\frac{\sum\rho[R_{V-|v_i|}([\tilde{F}]_{R_D})]}{\rho(U)} \quad (6-38)$$

式中 $r_{R_{V-|v_i|}}(R_D)$——R_V 对 $R_{V-|v_i|}$ 依赖度。

（4）求解目标权重值。

$$\sigma_D(D)=r_{R_V}(D)-r_{R_{V-|v_i|}}(D) \quad (6-39)$$

$$\lambda_i=\sigma_{\mathrm{D}}(v_i)/\sum_{i=1}^{I}\sigma_{\mathrm{D}}(v_i) \tag{6-40}$$

式中　$\sigma_{\mathrm{D}}(D)$——目标 i 的重要程度；

λ_i——目标 i 的权重系数。

假定 α_{R} 为经济效益最大化权重系数，α_{N} 系统出力波动最小化的权重系数，经加权处理可得：

$$obj=\min\left\{\alpha_{\mathrm{R}}\cdot\frac{R^{\max}-R}{R^{\max}}+\alpha_{\mathrm{N}}\cdot\frac{N-N^{\min}}{N^{\min}}\right\} \tag{6-41}$$

其中，$\alpha_{\mathrm{R}}+\alpha_{\mathrm{N}}=1$。如果 α_{N} 和 α_{R} 被确定，则最优的 R 和 N 也能够计算得出。

6.2　海上风电与虚拟电厂及能效电厂的协同运行优化模型

6.2.1　虚拟电厂与能效电厂模型

6.2.1.1　风力发电虚拟电厂

设定风速服从 Weibull 分布，可依据风场的历史数据拟合其尺度参数 ξ 与形状参数 k。假定随机变量为 v，ξ 和 k 的威布尔分布可表示为：

$$\psi(v)=\frac{k}{\xi}\left(\frac{m}{\xi}\right)^{k-1}\exp\left[-\left(\frac{m}{\xi}\right)^{k}\right] \tag{6-42}$$

式中　m——风速。

风电场的输出功率可由式（6-43）表示。

$$g_{\mathrm{wt}}^{0}=\begin{cases}0,\ 0\leqslant m_t<m_{\mathrm{in}},\ \ m_t>m_{\mathrm{out}}\\ \dfrac{m_t^3-m_{\mathrm{in}}^3}{m_{\mathrm{rated}}^3-m_{\mathrm{in}}^3}R,\ m_{\mathrm{in}}\leqslant m_t\leqslant m_{\mathrm{rated}}\\ R,\ m_{\mathrm{rated}}\leqslant m_t\leqslant m_{\mathrm{out}}\end{cases} \tag{6-43}$$

式中　g_{wt}^{0}——风电场原始模拟出力；

m_{in}——切入风速；

m_{rated}——额定风速；

m_{out}——切出风速；

R——额定出力。

6.2.1.2 太阳能虚拟电厂

太阳能虚拟电厂出力模型可由式（6－44）计算。

$$g_{st}=g_{\mathrm{stc}}(I_{\mathrm{r},t}/I_{\mathrm{stc}})[1+\alpha_{\theta}(\theta_{t}-\theta_{\mathrm{stc}})] \tag{6-44}$$

式中 g_{st}——光伏发电出力功率；

g_{stc}——标准条件下光伏板的出力；

α_{θ}——光伏板功率温度系数；

$I_{\mathrm{r},t}$——t 时刻实际太阳辐照强度；

θ_{t}——t 时刻实际光伏板温度。

6.2.1.3 储能系统

储能系统出力模型可简要表示如式（6－45）所示。

$$Q^{\min}\leqslant Q_{t}\leqslant Q^{\max} \tag{6-45}$$

式中 $Q^{\max}$——蓄电池储存容量的上限；

$Q^{\min}$——蓄电池储能容量的下限；

Q_{t}——t 时刻的蓄电池蓄电量。

放电状态时，由式（6－46）表示。

$$Q_{t+1}=Q_{t}-\sum_{s=1}^{S}g_{s,t}^{\mathrm{d}}(1+\rho_{s}^{\mathrm{d}}) \tag{6-46}$$

充电状态时，由式（6－47）表示。

$$Q_{t+1}=Q_{t}+\sum_{s=1}^{S}g_{s,t}^{\mathrm{c}}(1-\rho_{s}^{\mathrm{c}}) \tag{6-47}$$

式中 S——蓄电池总电量；

s——蓄电池序数；

ρ_{s}^{d}——蓄电池放电损耗；

ρ_{s}^{c}——蓄电池充电损耗；

$g_{s,t}^{\mathrm{d}}$——第 s 个电池在 t 时刻的放电功率；

$g_{s,t}^{\mathrm{c}}$——第 s 个电池在 t 时刻的充电功率；

Q_{t+1}——$t+1$ 时刻蓄电量。

考虑到储能系统自身损耗，可得在一个充放电运行周期 T 内，充放电量之间的关系为：

$$\sum_{t=1}^{T}[Q_{0}+\sum_{s=1}^{S}g_{s,t}^{\mathrm{c}}(1+\rho_{s,\mathrm{c}})-Q_{t}]=\sum_{t=1}^{T}\sum_{s=1}^{S}g_{s,t}^{\mathrm{d}}(1+\rho_{s,\mathrm{d}}) \tag{6-48}$$

式中　Q_0——蓄电池在初始时刻的蓄电量。

6.2.2　海上风电与虚拟电厂和能效电厂双层协同运行模型

6.2.2.1　上层优化模型

假定虚拟电厂主要由燃气轮机、风电和太阳能发电这三种发电形式构成。在调度时以发电成本最小为优化目标，则目标函数可表示如式（6－49）所示。

$$\min C = C_1 + C_2 \tag{6-49}$$

式中　C——虚拟电厂发电成本；

C_1——火电机组发电成本；

C_2——燃气机组发电成本。

火电机组和燃气机组的法定成本函数为：

$$C_1 = \sum_{t=1}^{T}\sum_{i=1}^{I}\left[u_{it} f_i(g_{it}) + u_{it}(1 - u_{i,t-1})N_i\right] \tag{6-50}$$

$$C_2 = \sum_{t=1}^{T}\sum_{k=1}^{K}\left[u_{kt} f_k(g_{kt}) + u_{kt}(1 - u_{k,t-1})N_k\right] \tag{6-51}$$

式中　u_{it} 和 u_{kt}——分别为火电机组与燃气机组启、停状态，取“1”表示机组运行，取“0”为停机；

g_{it}——在 t 时刻第 i 个火电机组的发电出力；

g_{kt}——在 t 时刻第 k 个燃气机组的发电出力；

N_i——火电机组组启、停成本；

N_k——燃气机组启、停成本；

$f_i(g_{it})$——火电机组的发电煤耗成本；

$f_k(g_{kt})$——燃气机组的发电煤耗成本。

$f_i(g_{it})$ 和 $f_k(g_{kt})$ 可表示如下：

$$f_i(g_{it}) = a_i + b_i g_{it} + c_i g_{it}^2 \tag{6-52}$$

$$f_k(g_{kt}) = a_k + b_k g_{kt} + c_k g_{kt}^2 \tag{6-53}$$

式中　a_i，b_i 和 c_i——第 i 台火力发电机组的煤耗系数；

a_k，b_k 和 c_k——第 k 台燃气机组的发电煤耗系数。

包含虚拟电厂的发电调度优化模型的主要约束条件如下。

（1）供需平衡：

$$\sum_{i=1}^{I} u_{it} g_{it}(1 - \delta_i) + \sum_{v=1}^{V} G_{vt}(1 - \beta_v) + \sum_{s=1}^{S} g_{s,t}^{\mathrm{d}}(1 - \rho_s^{\mathrm{d}}) = D_t + \sum_{s=1}^{S} g_{s,t}^{\mathrm{c}}(1 + \rho_s^{\mathrm{c}}) \tag{6-54}$$

$$G_{vt}=\sum_{k=1}^{K}u_{kt}^{v}g_{kt}^{v}+\sum_{w=1}^{W}g_{wt}^{v}+\sum_{s=1}^{S}g_{st}^{v} \tag{6-55}$$

式中 g_{kt}^{v}——虚拟电厂 v 中燃气轮机发电机组在 t 时刻的发电输出功率；

g_{wt}^{v}——虚拟电厂 v 中风电发电机组在 t 时刻的发电输出功率；

g_{st}^{v}——虚拟电厂 v 中太阳能发电机组在 t 时刻的发电输出功率；

G_{vt}——第 v 个虚拟电厂在 t 时刻的输出功率；

D_t——t 时刻的负荷需求；

β_v——第 v 个虚拟电厂损耗；

δ_i——第 v 个火电机组厂用电率。

（2）火电机组出力。火电机组出力约束可采用式（6-56）～式（6-59）表示：

$$u_{it}g_{i}^{\min}\leqslant g_{it}\leqslant u_{it}g_{i}^{\max} \tag{6-56}$$

$$\Delta g_{i}^{-}\leqslant g_{it}-g_{i,t-1}\leqslant \Delta g_{i}^{+} \tag{6-57}$$

$$(T_{i,t-1}^{\text{on}}-M_{i}^{\text{on}})(u_{i,t-1}-u_{it})\geqslant 0 \tag{6-58}$$

$$(T_{i,t-1}^{\text{off}}-M_{i}^{\text{off}})(u_{it}-u_{i,t-1})\geqslant 0 \tag{6-59}$$

式中 $g_{i}^{\max}$——第 i 个火电机组最大出力；

$g_{i}^{\min}$——第 i 个火电机组最小出力；

M_{i}^{on}——第 i 个火电机组的最短启动时间；

Δg_{i}^{+}——火电机组的最大爬坡功率；

Δg_{i}^{-}——火电机组的最小爬坡功率；

$T_{i,t-1}^{\text{on}}$——t 时刻第 i 个火电机组连续运行时间；

M_{i}^{off}——第 i 个火电机组最短停机时间。

（3）系统备用。系统旋转备用约束可采用式（6-60）和式（6-61）所示。

$$\sum_{i=1}^{I}u_{it}(g_{i}^{\max}-g_{it})+\sum_{s=1}^{S}g_{s,t}^{\text{d}}(1-\rho_{s}^{\text{d}})\geqslant R_{\text{c}}+R_{\text{v}}^{(1)}(g_{\text{vt}}) \tag{6-60}$$

$$\sum_{i=1}^{I}u_{it}(g_{it}-g_{i}^{\min})+\sum_{s=1}^{S}g_{s,t}^{\text{c}}(1-\rho_{s}^{\text{c}})\geqslant R_{\text{v}}^{(2)}(g_{\text{vt}}) \tag{6-61}$$

式中 R_{c}——表征不考虑虚拟电厂情形下的系统旋转备用能力；

$R_{\text{v}}^{(1)}(g_{\text{vt}})$、$R_{\text{v}}^{(2)}(g_{\text{vt}})$——分别为考虑虚拟电厂时上、下旋转备用增加值，对于新增备用，可取原始负荷需求 10%。

6.2.2.2 下层优化模型

本小节主要讨论以下两种能效电厂：一是因节能项目产生节电效果所等效

的虚拟电厂，称为节能效率电厂（energy saving efficiency power plant，ESEPP）；另一种是用户参与需求响应产生的节电效果，称为需求响应效率电厂（demand response efficiency power plant，DREPP）。

以参与发电调度收益最大化为目标，并考虑其约束条件构建调度优化模型，所得的目标函数如式（6–62）所示。

$$\max \pi = \pi_1 + \pi_2 \tag{6-62}$$

式中　π_1——节能效率电厂参与发电调度获得的收益；

π_2——需求响应电厂参与发电调度获得的收益。

设引入需求响应后的负荷需求 L_t 为：

$$L_t = \vartheta + \rho\,\pi_t \tag{6-63}$$

式中　ϑ 和 ρ——需求与价格之间的线性系数；

π_t——t 时刻需求响应收益。

初始负荷与响应负荷之间的关系可表示如式（6–64）所示。

$$L_t = L_t^0 - G_t^{\text{DREPP}} \tag{6-64}$$

式中　L_t^0——未引入需求响应负荷需求量；

G_t^{DREPP}——引入需求响应后负荷削减量，也称为需求响应效率电厂的发电输出功率。

虚拟发电机的边际成本 ΔC_t 为可用式（6–65）求解。

$$\Delta C_t = (-1/\rho)G_t^{\text{DREPP}} + (L_t^0 - \vartheta)/\rho \tag{6-65}$$

将边际成本作为能效电厂的结算价格，则可得其收益函数 π_t。

$$\pi_t = (-1/\rho)(G_t^{\text{DREPP}})^2 + [(L_t^0 - \vartheta)/\rho]G_t^{\text{DREPP}} \tag{6-66}$$

可得到 DREPP 参与发电调度获得的收益，计算式为：

$$\pi_1 = \sum_{t=1}^{T} \pi_t \tag{6-67}$$

式中　T——系统总调度时间。

对于节能效率电厂而言，节电项目也需要投入成本，因此，在参与系统发电调度时，节能效率电厂参与发电调度的单位发电成本为：

$$\bar{C} = C^{\text{all}}/Q^{\text{all}} \tag{6-68}$$

式中　$\bar{C}$——节能效率电厂发出单位电能所需投入的节能成本；

C^{all}——节能效率电厂发出单位电能所需投入的总节能成本；

Q^{all}——节能效率电厂发出单位电能所需投入的全寿命周期内的总节电量。

假定节能效率电厂的结算价格为实时电价，则其收益可按式（6–69）计算。

$$\pi_2=\sum_{t=1}^{T}(P_t-\bar{C})Q_t^{\text{ESEPP}} \tag{6-69}$$

式中　Q_t^{ESEPP}——能效电厂在 t 时刻的节电量；

P_t——实时电价。

此外，还需要分析节能效率电厂和需求响应电厂参与后带来的新增加的约束条件，具体如下。

（1）负荷供需平衡。负荷供需平衡约束如式（6－70）所示。

$$\sum_{i=1}^{I}u_{it}g_{it}(1-\delta_i)+\sum_{n=1}^{N}Q_n^{\text{ESEPP}}+\sum_{m=1}^{M}G_m^{\text{DREPP}}=D_t \tag{6-70}$$

式中　Q_n^{ESEPP}——第 n 个节能效率电厂的发电出力；

G_m^{DREPP}——第 m 个需求响应电厂的发电出力；

M——节能效率电厂总数量；

N——节能效率电厂总数量。

（2）需求响应电厂发电出力。需求响应电厂发电出力约束主要包含负荷最大削减量、发电功率约束、发电启停约束和最大出力约束四方面。令总的负荷削减量 $\Delta L_t=\sum_{n=1}^{N}G_{nt}^{\text{DREPP}}$，可得具体约束条件如式（6－71）～式（6－75）所示。其中，式（6－71）为在时 t 刻最大负荷削减量约束；式（6－72）和式（6－73）为需求响应电厂的爬坡上限和降坡上限约束；式（6－74）和式（6－75）为需求响应电厂的启停时间约束；式（6－76）为在调度期内需求响应电厂的最大出力约束。

$$0\leqslant\Delta L_t\leqslant\Delta L_t^{\max}v_t \tag{6-71}$$

$$0\leqslant\Delta L_t-\Delta L_{t-1}\leqslant L_{\text{U}} \tag{6-72}$$

$$0\leqslant\Delta L_{t-1}-\Delta L_t\leqslant L_{\text{D}} \tag{6-73}$$

$$[X_{t-1}^{\text{on}}-T_{\text{U}}](v_{t-1}-v_t)\geqslant 0 \tag{6-74}$$

$$[X_t^{\text{off}}-T_{\text{D}}](v_t-v_{t-1})\geqslant 0 \tag{6-75}$$

式中　v_t——[0～1]之间的变量，$v_t=1$ 表明负荷被削减；

$\Delta L_t^{\max}$——t 时刻负荷可允许的最大削减量；

L_{U}——能效电厂削减负荷量的爬坡上限；

L_{D}——能效电厂削减负荷量的爬坡下限；

X_{t-1}^{on}——负荷启动时间约束；

X_t^{off}——负荷停止时间约束；

T_{U}——负荷的最小启动时间；

T_{D}——负荷的最小停止时间。

（3）节能效率电厂发电出力。分析节能效率电厂发电出力约束时，可令 $\Delta Q_t^{\mathrm{ES}} = \sum_{m=1}^{M} G_{mt}^{\mathrm{ESEPP}}$，则：

$$0 \leqslant \Delta Q_t^{\mathrm{ES}} \leqslant \Delta Q_t^{\mathrm{ES-max}} O_t \tag{6-76}$$

式中　O_t——0～1 之间的变量，取 1 时表明负荷被削减；

ΔQ_t^{ES}——t 时段节能效率电厂的发电出力；

$\Delta Q_t^{\mathrm{ES-max}}$——$t$ 时刻能效电厂可允许的最大负荷削减量。

（4）系统备用。系统备用约束可表达如式（6－77）和式（6－78）所示。

$$\sum_{i=1}^{I} u_{it}(g_i^{\max} - g_{it}) + \sum_{s=1}^{S} g_{s,t}^{\mathrm{d}}(1-\rho_s^{\mathrm{d}}) \geqslant R_{\mathrm{c}} + R_{\mathrm{L}}^{(1)}(\Delta L_t) + R_{\mathrm{Q}}^{(1)}(\Delta Q_t^{\mathrm{ES}}) \tag{6-77}$$

$$\sum_{i=1}^{I} u_{it}(g_{it} - g_i^{\min}) + \sum_{s=1}^{S} g_{s,t}^{\mathrm{c}}(1-\rho_s^{\mathrm{c}}) \geqslant R_{\mathrm{L}}^{(2)}(\Delta L_t) + R_{\mathrm{Q}}^{(2)}(\Delta Q_t^{\mathrm{ES}}) \tag{6-78}$$

式中　$R_{\mathrm{L}}^{(1)}(\Delta L_t)$——考虑了能效电厂时系统新增上旋转备用容量；

$R_{\mathrm{Q}}^{(1)}(\Delta Q_t^{\mathrm{ES}})$——考虑了虚拟电厂时系统新增上旋转备用容量；

$R_{\mathrm{L}}^{(2)}(\Delta L_t)$——考虑了能效电厂时系统新增下旋转备用容量；

$R_{\mathrm{Q}}^{(2)}(\Delta Q_t^{\mathrm{ES}})$——考虑了虚拟电厂时系统新增下旋转备用容量。

基于以上分析，便可构建基于虚拟电厂与能效电厂的双层优化模型，进一步将上层模型和下层模型之间实现友好互动，得到目标函数最优解。

6.3　海上风电与远方清洁能源的协同运行优化模型

6.3.1　远方清洁能源与海上风电在近区系统的协同运行分析

结合前述分析，可建立本地负荷中心与远方清洁能源以及海上风电之间的送受电框架结构如图 6－2 所示。结合图 6－2 分析可得，当海上风电和远方清洁能源同时接入电网后，负荷中心近区的系统运行方式将发生较大变化，经典的系统综合成本评估方法很难满足实际运行需求。因此，为保障电力系统运行经济合理，需全面掌握系统综合成本的构成及其估算方法。解决这一问题的关键就在于如何在确保系统安全运行和满足运行约束的前提下，获取最优的电源调度组合，进而用于指导系统运行和规划决策。

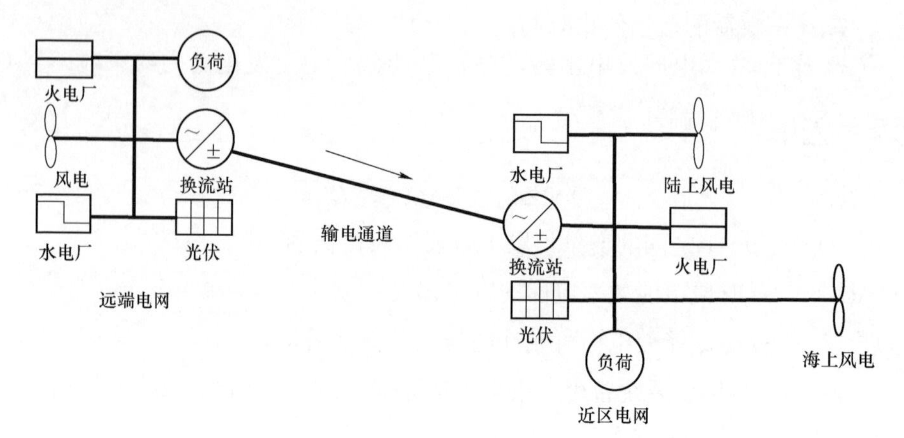

图 6-2　负荷中心与远端清洁能源和海上风电送受电框架

6.3.2　成本分析模型

6.3.2.1　海上风电综合成本

本书研究的近区海上风电综合成本可包括直接和间接成本，可采用式（6-79）所示。

$$C_{\text{composue}} = C_{\text{direct\_system}} + C_{\text{indirect\_system}} \tag{6-79}$$

式中　等号左侧为系统综合成本，等号右侧第一项为直接系统成本，等号右侧第二项为间接系统成本。

$$C_{\text{direct\_system}} = R_{\text{s}} \times W_{\text{s}} + R_{\text{c}} \times W_{\text{c}} \tag{6-80}$$

式中　R_{s}——上网指导电价；
W_{s}——指导价结算电量；
R_{c}——平均交易电价；
W_{c}——及交易电量。

$$C_{\text{indirect\_system}} = F \times W_{\text{sea}} / (W_{\text{sea}} + W_{\text{land}}) \tag{6-81}$$

式中　F——调频、调峰和备用的辅助服务费用之和；
W_{sea}——调峰和备用的辅助服务费用之和；
W_{land}——区域内年海上风电发电量以及区域内陆上新能源发电量。

6.3.2.2　远方清洁能源成本

远方清洁电源依托本地能源发电形成稳定可控的外送电力，其成本主要是包括当地上网电价、省内输配电价、输电工程输电价。

$$C_{far} = C_p + C_{t1} + C_{t2} \tag{6-82}$$

式中　C_{far}——远端电力成本；

C_p——上网电价；

C_{t1}——省内输配电费和输电通道费用；

C_{t2}——输电通道费用。

其中当地上网电价可按照式（6-83）计算。

$$C_p = \sum P_{pi} \times W_{pi} + \sum P_{pj} \times W_{pj} \tag{6-83}$$

式中　P_{pi}——火电、水电、光伏、风电等电源上网电价；

W_{pi}——外送电量，外送交易电价以及外送交易电量；

P_{pj}——外送交易电价；

W_{pi}——外送交易电量。

6.3.2.3　电力系统综合成本

本书采用的综合成本评估方法如式（6-84）所示。

$$C_{all} = C_{pl} + C_{far} + C_s + C_{loss} \tag{6-84}$$

式中　C_{pl}——本地上网电价；

C_{far}——远端电力到网电价；

C_s——辅助服务费用；

C_{loss}——线损成本。

其中后两者可用式（6-85）和式（6-86）求解，如下。

$$C_s = \sum S_t + \sum S_d + \sum S_r \tag{6-85}$$

$$C_{loss} = W_{loss} \times (C_{pl} / W_{pl} + C_{far} / W_{far}) \tag{6-86}$$

式中　S_t——辅助服务费用和调峰服务成本；

S_d——备用调峰服务成本；

S_r——备用辅助服务费用；

W_{loss}——线损电费；

W_{far}——远端电力到网电量；

W_{pl}——省内上网电量。

本书在讨论发展海上风电综合成本时，不仅考虑海上风电自身的建设成本和运维成本，还需要考虑为满足海上风电发展带来的隐藏性成本，如调峰成本、备用成本以及抵消本地和远方新能源的消纳成本等。

6.3.3 考虑电力系统综合成本的协同优化模型

6.3.3.1 考虑综合成本的协同优化目标

电力系统电源协同优化问题具体指标见表 6－1。从表 6－1 中可以看出，安全类和环境类的指标一般都是限制性的，但经济类指标属于开放性的。为此，可确定文中协同优化目标是在满足环境和安全限制性要求的前提下，使得系统综合经济成本最小，基于此，协同优化目标函数可表示为：

$$\min\sum_{t=0}^{n}C_{\text{all}}(t)=\min\sum_{t=0}^{n}[C_{\text{pl}}(t)+C_{\text{far}}(t)+C_{\text{s}}(t)+C_{\text{loss}}(t)] \tag{6-87}$$

式中　t——协同优化期内第 t 个时刻时长；

　　n——协同优化期内优化总时长。

此外，协同优化模型中优化变量包括本地火电、水电、燃气轮机、储能电站、需求侧响应和直流工程输送功率等可控设施出力和负荷水平。

表 6－1　　电力系统协同优化指标体系

指标类型	指标名称	指标性质
安全类	负荷满足率	限制性
	容量备用率	限制性
	设备过载率	限制性
经济类	综合成本	开放性
环保类	可再生能源占比	限制性
	化石能源消费量	限制性
	弃光率	限制性
	弃风率	限制性

6.3.3.2 运行约束条件

（1）运行约束。基于前述分析，可建立如式（6－88）所示的系统功率平衡约束。

$$\sum_{i=1}^{\text{M}}p_i(t)+\sum_{j=1}^{N}w_j(t)+\sum_{k=1}^{G}v_k(t)+d(t)\geqslant l(t) \quad (t=1,2,\cdots,n) \tag{6-88}$$

式中　$p_i(t)$——第 i 台常规发电机组的输出功率；

w_j ——第 j 台新能源发电机组在 t 时段的预测出力；

v_k ——第 k 个灵活性电源（如储能站、需求侧管理等）的出力；

$d(t)$ ——t 时间段直流输送功率；

$l(t)$ ——t 时段系统预测负荷。

式（6-89）和式（6-90）分别为常规发电机组最大和最小出力约束和发电机组功率爬坡约束。

$$I_i(t)\times P_{i\min} \leqslant P_i(t) \leqslant I_i(t)\times P_{i\max} \tag{6-89}$$

$$-DR_i \leqslant P_i(t)-P_i(t-1) \leqslant UR_i \tag{6-90}$$

式中　DR_i——第 i 台机组每个时段允许可调出力最小值；

UR_i——第 i 台机组每个时段允许可调出力最大值。

式（6-91）和式（6-92）为发电机组的最小运行时间和停机持续时间约束。

$$[T_i^{\text{on}}(t-1)-T_{i,\min}^{\text{on}}][I_i(t-1)-I_i(t)] \geqslant 0 \tag{6-91}$$

$$[T_i^{\text{off}}(t-1)-T_{i,\min}^{\text{off}}][I_i(t)-I_i(t-1)] \geqslant 0 \tag{6-92}$$

式中　$T_{i,\min}^{\text{on}}$ ——第 i 个机组的最短启动时间；

$T_{i,\min}^{\text{off}}$ ——第 i 个机组的最短停止时间；

$T_i^{\text{on}}(t-1)$ ——第 i 个机组在 t 时段前持续开机时间；

$T_i^{\text{off}}(t-1)$ ——第 i 个机组在 t 时段前持续关机时间。

式（6-93）为系统的需求侧管理约束。

$$v_{k\min} \leqslant v_k(t) \leqslant v_{k\max} \tag{6-93}$$

式中　$v_{k\max}$ ——第 k 个需求侧负荷；

$v_{k\min}$ ——第 k 个需求侧可削减负荷。

式（6-94）～式（6-96）为储能电站运行约束。

$$-e_{m-p\max} \leqslant e_m(t) \leqslant e_{m-p\max} \tag{6-94}$$

$$0 \leqslant e_{m-s}(t) \leqslant e_{m-s\max} \tag{6-95}$$

$$[e_{m-p}(t)-e_{m-p}(t-1)]\times t = e_{m-s}(t)-e_{m-s}(t-1) \tag{6-96}$$

式中　$e_{m-p\max}(t-1)$ ——第 $t-1$ 时间段第 m 个储能电站额定功率；

$e_m(t)$ ——第 t 时间段输出功率，额定存储电力以及第 t 时间段存储电量；

$e_{m-s\max}$ ——额定存储电力以及第 t 时间段存储电量；

$e_{m-s}(t)$ ——第 t 时间段存储电量。

（2）安全约束。安全约束一方面考虑采用式（6-97）所示的输电线路潮流约束表示。

$$F_{k\min} \leqslant \sum_{B=1}^{NB} GSF_{k-B} p_B \leqslant F_{k\max} \tag{6-97}$$

式中 GSF_{k-B}——发电转移因子；

$F_{k\min}$——输电设备最小潮流约束；

$F_{k\max}$——输电设备最大潮流约束。

另一方面，采用式（6－98）所示旋转备用约束。

$$\sum_{i=1}^{M}[P_{i\max} I_i(t)] \geqslant l(t)(1+S) \quad (t=1,2,\cdots,T) \tag{6-98}$$

式中 S——旋转备用率，%。

（3）环保约束。可再生能源占比约束可按式（6－99）求解。

$$\frac{\sum_{t=0}^{n} H_{\text{clean}}(t)}{\sum_{t=0}^{n} H_{\text{all}}(t)} \geqslant D \tag{6-99}$$

式中 $H_{\text{clean}}(t)$——t 时段可再生能源发电量；

$H_{\text{all}}(t)$——全社会发电量；

D——相应的可再生能源占比要求，%。

新能源的弃风率和弃光率可采用式（6－100）和式（6－101）进行约束。

$$\frac{\sum_{t=1}^{n}[H_{\text{a-wind}}(t)]}{\sum_{t=1}^{n}[H_{\text{wind}}(t)]} \leqslant Q_{\text{wind}} \tag{6-100}$$

$$\frac{\sum_{t=1}^{n}[H_{\text{a-PV}}(t)]}{\sum_{t=1}^{n}[H_{\text{PV}}(t)]} \leqslant Q_{\text{PV}} \tag{6-101}$$

式中 $H_{\text{a-wind}}(t)$——弃电量；

$H_{\text{wind}}(t)$——风电机组的发电量；

Q_{wind}——弃风率限制比例，%；

Q_{PV}——弃光率的限制比例，%；

$H_{\text{a-PV}}(t)$——光伏弃电量；

$H_{\text{PV}}(t)$——光伏发电量。

综上，本节建立了式（6－88）所示的协同优化模型目标函数，并以式（6－89）～式（6－101）所示作为约束条件，进一步采用优化算法，计算获得综合成本最低时不同类型电源组合以及远端清洁能源受入直流工程的运行策略。

6.4　案　例　分　析

6.4.1　海上风电与其他电源的协同运行优化案例

6.4.1.1　案例分析所用数据

采用见表 6－2 的机组数据构成多电源系统。在分析的过程中，假定抽水蓄能电站的工作效率为 75%，发电和蓄能的出力分别为 4MW 和 2MW。在调度初始时刻，抽水蓄能电站的上水库容量为零。风电场的风速参数分别为 $v_{in}=3\text{m/s}$、$v_{rated}=14\text{m/s}$ 和 $v_{out}=25\text{m/s}$，功率曲线形状和规模参数分别为 $\varphi=2$ 和 $\vartheta=2\bar{v}/\sqrt{\pi}$。光伏辐射强度分布曲线参数 α 和 β 值分别为 0.32 和 8.14。

表 6－2　　CGT 运行参数

机组类型	g_{CPP}^{min}（MW）	g_{CPP}^{max}（MW）	$\Delta g_{CPP}^{\pm}$（MW）	$D_{CPP,t}$（美元）	$M_{CPP}^{on/off}$（h）	第 1 段斜率（美元 MW）	第 2 段斜率（美元/MW）
TAURUS60	2.5	5.67	3	204.8	2	239	273.2
CENTAUR50	2	4.6	2.5	136.3	1.5	150.25	307.3
CENTAUR40	1	3.515	1.8	122.9	1	136.6	341.5

应用有关文献所提出的场景模拟策略，模拟生成 50 组风电和光伏发电出力组合，进一步削减得到 10 组典型的风光出力场景，同时，选取各场景出力的均值作为风电和光伏发电输入数据。参照有关文献选取典型负荷日的系统负荷需求。同时，设定峰谷分时电价被实施，峰、平、谷时段划分为（12:00～21:00）、（00:00～3:00，21:00～24:00）和（03:00～12:00），相应时段的电价分别为 0.77、0.59、0.30 元/（kW • h）；燃气轮机、风电场和光伏的上网电价分别为电 0.52、0.61、1.0 元/（kW • h）。典型负荷日负荷需求及风光发电可用出力情况见表 6－3。

表 6-3　典型负荷日系统负荷需求和风电、光伏发电出力数据　（MW）

时间	负荷	WPP	PV	时间	负荷	WPP	PV	时间	负荷	WPP	PV
1	15.26	7.51	0	9	10.81	3.45	3.63	17	16.22	5.07	4.77
2	14.60	6.91	0	10	11.17	6.50	4.50	18	15.32	4.19	3.18
3	13.70	8.37	0	11	11.53	5.92	6.37	19	15.14	5.05	2.93
4	13.15	7.41	0	12	12.61	5.93	6.17	20	14.26	5.68	1.91
5	12.43	8.36	0	13	14.06	4.79	8.41	21	13.33	6.55	1.31
6	11.89	8.11	1.68	14	15.14	5.87	7.16	22	12.89	6.99	0
7	11.53	6.62	2.06	15	15.32	4.24	7.39	23	12.88	5.71	0
8	11.17	6.33	2.49	16	15.86	5.25	5.69	24	13.25	6.39	0

6.4.1.2 鲁棒随机优化理论有效性分析

首先，分别以单目标函数作为优化目标，求解多电源系统调度模型，得到目标的调度优化结果集合；然后利用式（6-20）～式（6-35）计算得出经济效益最大和波动性最小的权重系统分别为 0.76 和 0.24；进一步引入鲁棒随机优化理论构造 MPHS 鲁棒随机调度优化模型，设定预测误差 $\boldsymbol{e}=0.05$ ，$\Gamma_{\mathrm{W}}=\Gamma_{\mathrm{PV}}=0$、0.5、0.9，讨论不同鲁棒系数设置对系统调度结果的影响，不同鲁棒系数下 MPHS 系统调度优化结果见表 6-4。分析表 6-4 中数据可得：

（1）目标函数值会随鲁棒系数递增而逐步降低，说明所引入的鲁棒系数能够有效控制风光不确定风险引起的风光发电并网带来的电量波动。与此同时，MEHS 系统经济效益逐步降低，但风光波动方差也相应降低，这表明系统在规避风险时需承担相应的经济效益损失。

（2）对比 $\Gamma_{\mathrm{W}},\Gamma_{\mathrm{PV}}=0$ 和 $\Gamma_{\mathrm{W}},\Gamma_{\mathrm{PV}}=0.9$ 两种情景，系统弃风和弃光电量分别由 7.36MW·h 和 3.48MW·h 增长至 22.08MW·h 和 10.45MW·h，燃气轮机组发电量由 124.39MW·h 增长至 147.33MW·h，表明系统为规避风光不确定性风险，更愿意调用 CGT 机组进行发电，满足负荷需求。

$\Gamma_{\mathrm{W}}=\Gamma_{\mathrm{PV}}=0$ 时 MPHS 输出功率如图 6-3 表示。分析图 6-3 中数据可以看出：

（1）如果不计风光不确定性，在给定的权重系数 α_{N} 和 α_{R} 下，系统会倾向于追逐经济效益最大化优化目标，故风电和光伏并网电量最大，即 139.84MW·h 和 66.17MW·h，弃风和弃光电量仅为 7.36MW·h 和 3.48MW·h。

（2）由于风光并网电量较大，系统调用抽水蓄能电站幅度也随之增加，发电和蓄能功率分别为 -9.71MW·h 和 9.55MW·h。此时，系统预期经济效益也达到最大值（10 885.20 元），但不能忽视的是，系统风光输出功率波动方差

为 2.486，也为最大值，这意味着系统风险水平较高，若来风较少或光伏强度不高时，系统将会面临的较大缺电风险。

表 6－4　　不同鲁棒系数下 MPHS 系统调度优化结果

(Γ_W,Γ_{PV})	WPP（MW·h）	PV（MW·h）	CGT（MW·h）	抽水蓄能出力（MW·h）		弃能（MW·h）		目标函数值	
				蓄能	发电	WPP	PV	R（美元）	N（MW·h）
0	139.84	66.17	124.39	－9.71	9.55	7.36	3.48	10 885.20	2.49
0.5	132.48	62.69	135.90	－7.73	7.49	14.72	6.97	9580.45	2.15
0.9	125.12	59.20	147.33	－5.85	5.65	22.08	10.45	8938.88	1.83

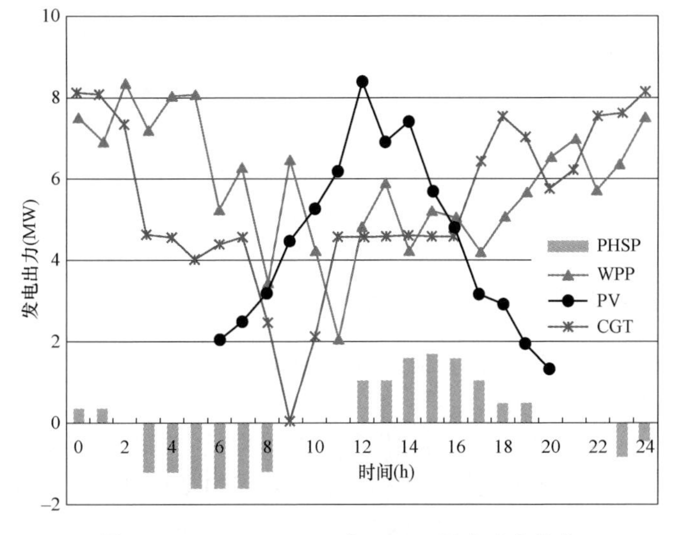

图 6－3　$\Gamma_W=\Gamma_{PV}=0$ 时 MPHS 输出功率分布

如图 6－4 所示为 $\Gamma_W=\Gamma_{PV}=0.5$ 时多电源系统的功率分布。与图 6－3 所示结果对比可以得出：

（1）如果决策者不想承受运行风险，便会选择减少风光并网电量，增加燃气轮机发电量。若 $\Gamma_W=\Gamma_{PV}=0.5$，风电、光伏和燃气轮机发电量分别为 132.48、62.69、135.80MW·h，弃风量分别为 14.72MW·h 和 6.97MW·h，系统经济效益降低至 9580.5 元，风光输出功率波动方差降低至 2.15，也就是说在用电高峰时段，会增加燃气轮机组的并网发电量。

（2）随着风电和光伏发电并网电量的降低，抽水蓄能电站的备用需求也会随之降低，此时抽水蓄能电站的充放电量分别为－7.73MW·h 和 7.49MW·h。这说明文中引入鲁棒系数能够为决策者提供风险决策控制参考，对于为风险偏好型决策者，会要求增加风光发电电量，减少燃气轮机组发电量，对抽水蓄能电站备用需求较大，反之亦然。

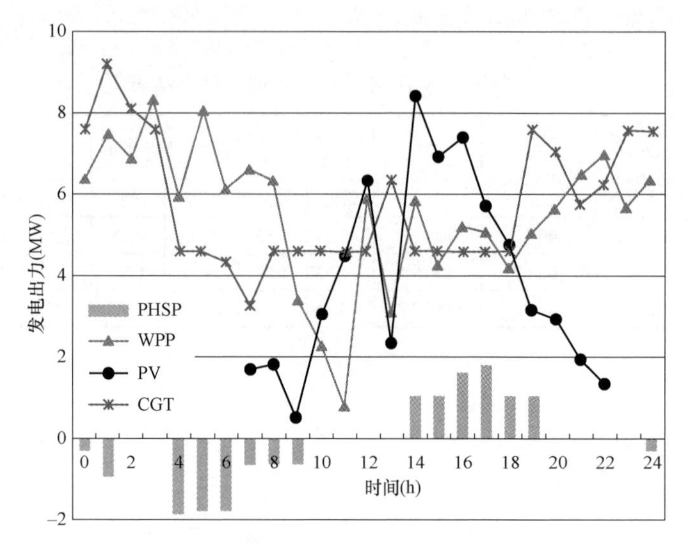

图 6－4　$\Gamma_W = \Gamma_{PV} = 0.5$ 时 MPHS 输出功率分布

6.4.1.3　抽水蓄能电站运行效益分析

本节主要分析抽水蓄能对 MEHS 系统运行的优化效应，设定 $\Gamma_W = \Gamma_{PV} = 0.75$、预测误差系数为 0.9。

当不考虑抽水蓄能时，主要由燃气轮机组提供调峰和备用服务，为保证系统的稳定运行，在鲁棒系数约束下风电和光伏发电量达到最低，弃风和弃光电量分别达到 25.59MW・h 和 10.45MW・h；同时，系统的经济效益受风光发电量降低的影响也随之下降，降至 7793.55 元，此时风光出力波动方差也降至 1.89MW・h。上述不同场景抽水蓄能的系统调度优化结果见表 6－5。

表 6－5　　不同情形下 MPHS 系统调度优化结果

项目	WPP（MW・h）	PV（MW・h）	CGT（MW・h）	抽水蓄能出力（MWh）		负荷曲线			目标函数	
				蓄能	发电	峰荷（MW）	谷荷（MW）	峰谷比	R（美元）	N（MW・h）
不含抽水蓄能	135.01	108.21	59.20	0	0	16.22	10.81	1.50	7793.55	1.89
含抽水蓄能	132.81	123.15	61.29	－7.93	7.32	14.18	11.05	1.28	7954.29	1.84

如果考虑抽水蓄能，系统的调峰和备用能力增加，致使风光发电量也随之增加，弃风和弃光电量比前述情况均有所改善，分别为降至 17.66MW・h 和

8.36MW · h；负荷峰值降至 14.18MW，谷荷提升至 11.05MW，峰谷比降为 1.5，且该情况下的经济效益和风险水平均优于不考虑抽水蓄能电站的情况。

随着抽水蓄能电站并网容量增加，多电源系统的经济效益也会有所增加，且风光出力波动方差逐渐降低，这说明抽水蓄能电站能够显著提升系统经济效益并降低风险水平。具体数据分析如下：

（1）当抽水蓄能容量从 40MW 降至 10MW 时，系统经济效益增长了 7.34%，MEHS 运行风险水平降低了 2.16%。

（2）当抽水蓄能电站容量达到 25MW，风光装机容量和抽水蓄能电站容量比约为 1:1.3 时，系统经济效益和风险水平达到拐点；当效益与风险比例超过 1:1.3 后，抽水蓄能电站的调峰和备用能力已满足风光发电并网需求且基本达到上限。

综上可得，抽水蓄能电站能够有效提升 MEHS 经济效益，降低其运行风险水平，但需要针对系统的实际需求设置合理的抽水蓄能电站容量。

6.4.1.4　敏感性分析

本小节重点讨论不同鲁棒系数和预测误差下的系统优化结果和燃气轮机组运行出力情况。如图 6－5 所示为在不同鲁棒系数和预测误差条件下的多电源系统的经济效益和风险水平，由图 6－5 中数据可以看出：

（1）随着鲁棒系数和预测误差系数的增加，多电源系统的运行经济效益和风险水平均有所降低，这表明系统决策者为了降低风光不确定性风险，会减少风电和光伏发电并网电量，损失了风电和光伏发电的超额收益，但降低了系统整体风险水平。

（2）在鲁邦系数 $\Gamma \leqslant 0.5$ 时，随着 Γ 的增加，对优化目标产生的影响会随之增加，反之，当 $\Gamma > 0.5$ 时，Γ 的影响较小。同样，在 $e \leqslant 0.5$ 时，对目标函数影响较大，而 $e > 0.5$ 后，对目标函数的影响较小。这表明当 Γ 和 $e > 0.5$ 后，系统调度方案已接近保守，若想追求更高经济效益，可适当放宽鲁棒系数或提高功率预测精度。

将海上风电、光伏、抽水蓄能电站和燃气轮机组聚合为多电源系统，引入鲁棒随机优化理论描绘风电和光伏发电的不确定性，建立多电源系统随机调度优化模型。首先，建立基于功率预测结果的不确定性描述方法；然后，引入鲁棒系数转换含不确定性变量约束条件，提出自由调节的风险决策控制方案；最后，完成算例分析。按照上述步骤的对海上风电、光伏、抽水蓄能电站和燃气轮机组聚合系统进行优化分析，可得结果如图 6－5 所示，可以看出：

（1）将海上风电、光伏、抽水蓄能电站和燃气轮机组聚合为多电源系统，能充分利用不同类型电源的特性，实现多能优势互补，在较低的风险基础上获得更高的经济效益。

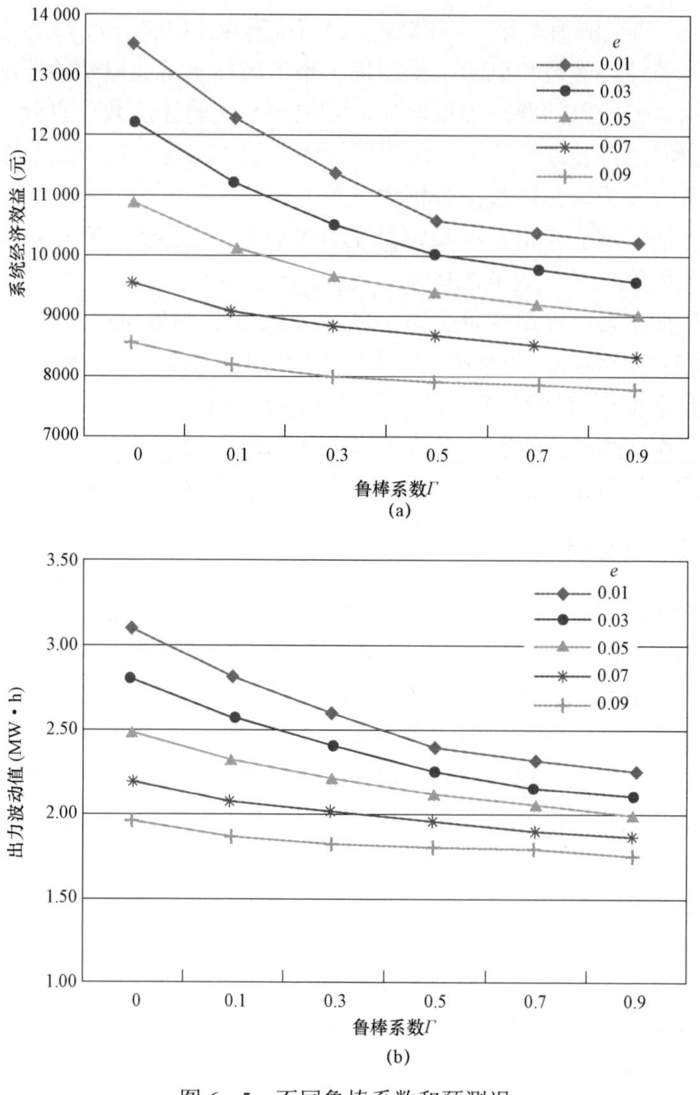

图 6－5　不同鲁棒系数和预测误

（a）运行经济效益；（b）风险水平

（2）设置较低鲁棒系数，能够吸收更多的风光发电量，获得较高经济效益；反之，有利于降低系统运行风险水平，因此该方法需要决策者具有较强的把控运行风险能力。

（3）结合风光发电实际情况，通过优化调整抽水蓄能电站的蓄能和发电行为，实现削峰填谷，为新能源发电提供更大并网空间；同时还可以通过快速转换工况克服风光不确定性，达到降低风光出力波动性，实现系统风险最小化的目的。

6.4.2　海上风电与虚拟电厂及能效电厂的协同运行优化案例

为研究虚拟电厂和能效电厂的联合运行优化效果，设定以下 4 个仿真情景。

情景 1：基础情景。只考虑虚拟电厂的参与，并对比储能系统引入前后的运行优化结果。分析时假设储能最大充放电功率为 80MW，最大充电量为 400MW・h，损耗为 5%。

情景 2：DREPP 情景。分析 DREPP 和虚拟电厂联合参与下的系统发电调度优化模型。设定 DREPP 最大并网电量不超过负荷需求的 15%，各时刻最大发电出力在原负荷的±20%之内。DREPP 的运行参数参照有关文献选取。

情景 3：ESEPP 情景。讨论 ESEPP 和虚拟电厂联合参与下的系统发电调度优化模型。假设 ESEPP 的单位发电投入成本为 120 元/（MW・h），实时电价为 350 元/（MW・h），ESEPP 最大可并网电量不超过负荷需求的 15%，各时刻最大发电出力不超过原负荷的 20%。

情景 4：DREPP 和 ESEPP 情景。讨论 DREPP，ESEPP 和虚拟电厂联合参与下系统发电调度优化模型。DREPP 和 ESEPP 参数与情景 2 和情景 3 相同。

6.4.2.1　基础数据

虚拟电厂由 3 个风场（装机容量均为 200MW）、2 个光伏电站（装机容量均为 100MW）和 2 台燃气轮机组（装机容量为 80MW）构成。燃气轮机组的出力上、下限分别为 20MW 和 80MW，启动、停止时间间隔为 2 h，爬坡功率为 30MW，火电机组的运行参数见表 6－6。

同时，引入 4 套储能系统（装机容量均为 100MW），其充放电最大功率均 20MW。

表 6－6　火电机组发电运行参数

机组	a_i（J）	b_i（J/MW）	c_i（J・MW^{-2}）	M_i^{on}（h）	M_i^{off}（h）	启停成本（J）	g_i^{min}（MW）	g_i^{max}（MW）	Δg_i^+（MW・h）	Δg_i^-（MW・h）
G1	$3.399\,0\times10^{11}$	$7.619\,0\times10^{9}$	$5.526\,0\times10^{5}$	8	8	$7.493\,0\times10^{11}$	250	600	280	−280
G2	$2.842\,3\times10^{11}$	$7.577\,0\times10^{9}$	$1.921\,4\times10^{4}$	8	8	$6.781\,0\times10^{11}$	200	500	240	−240
G3	$2.578\,6\times10^{11}$	$7.870\,0\times10^{9}$	$2.766\,9\times10^{4}$	7	7	$6.530\,0\times10^{11}$	200	450	210	−210
G4	$2.461\,4\times10^{11}$	$7.995\,0\times10^{9}$	$4.856\,0\times10^{5}$	7	7	$5.735\,0\times10^{11}$	180	400	180	−180
G5	$4.192\,3\times10^{11}$	$9.209\,0\times10^{9}$	$2.448\,8\times10^{6}$	2	2	$6.153\,0\times10^{10}$	30	100	50	−50

6.4.2.2 仿真结果

如图 6－6 和图 6－7 所示为 DREPP 和 ESEPP 共同参与下火电机组出力分布和虚拟电厂调度优化结果。结合图 6－6 所示曲线可以看出：DREPP 和 ESEPP 能够替换原有火电机组为虚拟电厂并网提供备用服务，可优先运行大容量火电机组（如 G1 和 G2）用于满足负荷需求，同时小容量机组（如 G3 和 G4）则在用电高峰时段调用，以致系统各个机组出力结构较优。

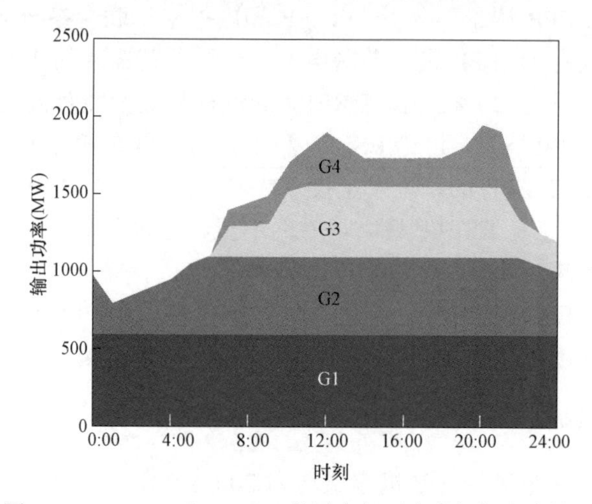

图 6－6　DREPP 和 ESEPP 共同参与下火电机组出力情况

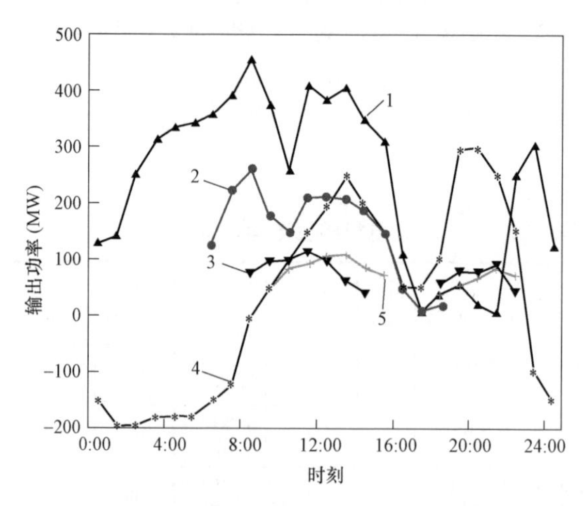

图 6－7　DREPP 和 ESEPP 共同参与下虚拟电厂调度优化结果

1—风电；2—太阳能发电；3—燃气轮机；4—DREPP；5—ESEPP

结合图 6－7 所示曲线可以看出：当引入 ESEPP 后，风电和光伏发电分别增加 438MW·h 和 128MW·h，燃气轮机发电降低 125MW·h，这表明 DREPP 能够更好地匹配负荷需求曲线进行发电，提高风光发电利用率。同时，ESEPP 引入后，燃气轮机组仅在调峰需求较多的时段提供服务（图 6-8 中 8:00～16:00），这使得系统发电出力降低了 125MW·h，这表明两者参与虚拟电厂联合调度，能够发挥各自优势，提升系统接纳虚拟电厂的能力，并有利于风光发电并网。

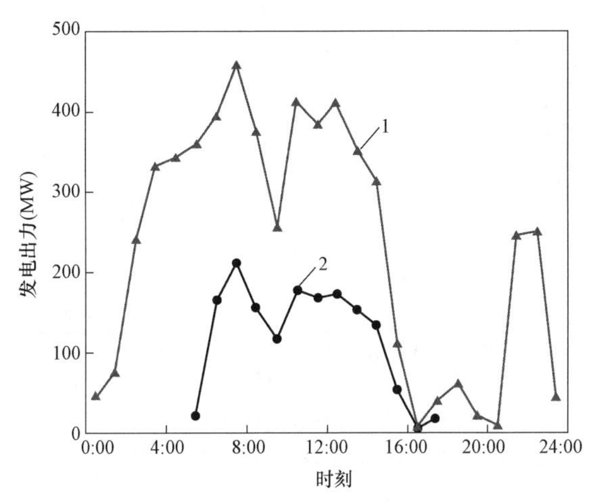

图 6-8　风力发电和光伏发电的可用出力
1—风力发电；2—光伏发电

6.4.2.3　对比分析

整理上述 4 种情景下系统运行结果见表 6-7。可以看出，从系统运行结果角度出发，引入 ESEPP 能够增加虚拟电厂并网容量，进而有效改善弃风弃光现象。

表 6-7　4 种情境下的系统运行结果

情景	火电	虚拟电厂			DREPP	ESEPP	发电成本（J）		弃风	弃光
		风电	太阳能	燃气			燃煤	启、停		
1	37 024	5519	1931	1520	0	0	$3.659\,5\times10^{14}$	$4.834\,8\times10^{12}$	751	349
2	36 504	5832	1996	1405	（1600，－1）	0	$3.588\,9\times10^{14}$	$3.545\,5\times10^{12}$	439	284
3	36 841	5644	1931	1422	0	887	$3.644\,2\times10^{14}$	$4.717\,6\times10^{12}$	627	329
4	34 119	5958	2059	1395	（2300，－1）	1050	$3.260\,7\times10^{14}$	$2.754\,3\times10^{12}$	313	221

如图 6-9 和图 6-10 所示为 4 种情形下风力发电和光伏发电的并网结果，

可以看出，当同时引入 DREPP 和 ESEPP 后，风力发电和光伏发电并网电量达到最大；而单独引入 DREPP 时，两者并网结果要优于仅引入 ESEPP 时的情况。

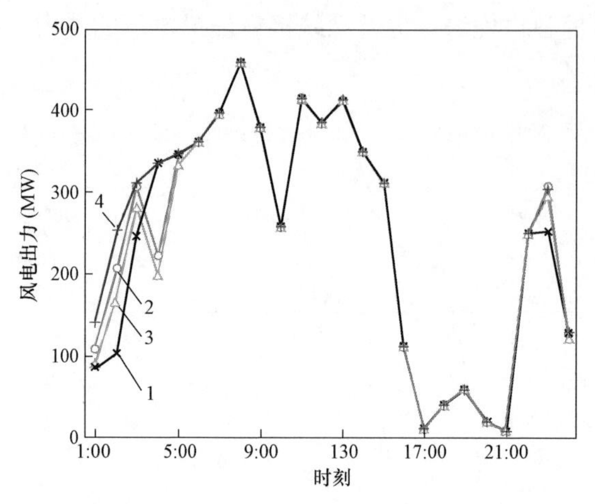

图 6-9　4 种情形下风电并网结果

1—情景 1；2—情景 2；3—情景 3；4—情景 4

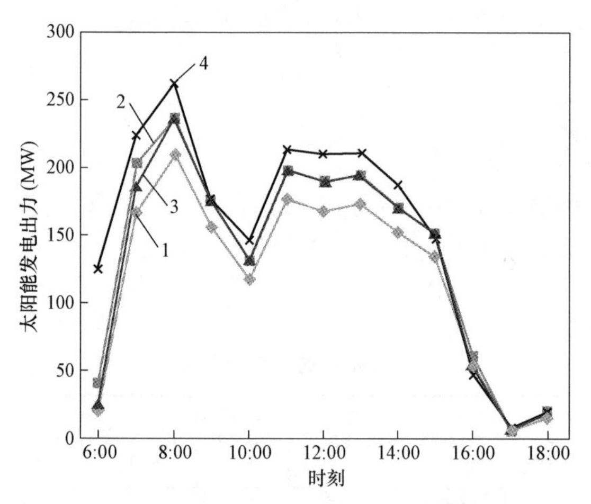

图 6-10　4 种情形下太阳能发电并网结果

1—情景 1；2—情景 2；3—情景 3；4—情景 4

见表 6-8 为前述 4 种情景下火电机组出力情况，可以看出将能效电厂与虚拟电厂相结合，能够较好地克服风电、太阳能不确定性及其带来的系统接纳虚拟电厂的影响，因此，从这两方面考虑，这一方案值得推广。

表 6-8　火电机组在 4 种情景下的出力结果　（MW·h）

机组	情景 1	情景 2	情景 3	情景 4
G1	14 400	14 400	14 400	14 400
G2	10 750	10 600	10 618	10 355
G3	7539	7189	7568	5935
G4	4067	4255	4097	3442
G5	268	60	158	0
总数	37 024	36 504	36 841	34 132

6.4.3　海上风电与远方清洁能源的协同运行优化案例

6.4.3.1　基础数据

以我国某地区为例，该地区规划年负荷规模为 37 700MW，拥有一个 8000MW 特高压直流受电通道，海上风电场规划 12 000MW，现有电源结构及上网电价见表 6-9。

表 6-9　电源规模及综合成本

电源类型	装机容量（MW）	综合成本［元/（kW·h）］
火电	12 000	0.42
水电	8000	0.30
陆上风电	4000	0.40
陆上光伏	5000	0.45
需求侧管理能力	3000	0.30
直流工程	8000	16:00～次日 10:00：0.25； 10:00～16:00：0.35
储能电站	1200	0.30

远方清洁能源基地电力以风电为主，光伏发电为辅，日典型清洁能源出力特性如图 6-11 所示。通过直流工程到网电价受到远处地区电价波动的影响，随着时间不同而有所差异，白天与夜间时段近区到网电价分别为 0.2 元/（kW·h）和 0.35 元/（kW·h）。

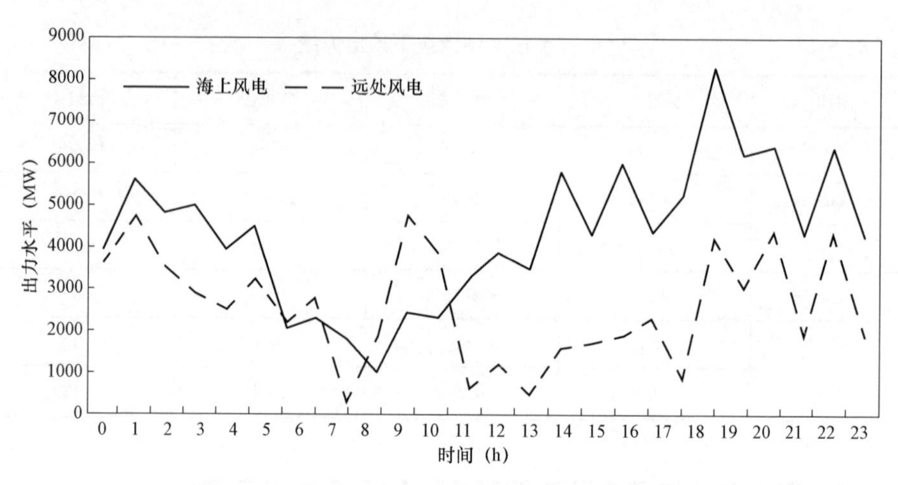

图 6－11　海上风电与远处清洁能源出力特性对比

6.4.3.2　优化结果

该地区典型送电曲线如图 6－12 所示，即高峰时段按满容量送电，其他时段则按照传统运行方式配置各机组典型出力方式，曲线如图 6－13 所示，传统方式下电力系统日综合成本为 2.80 亿元。

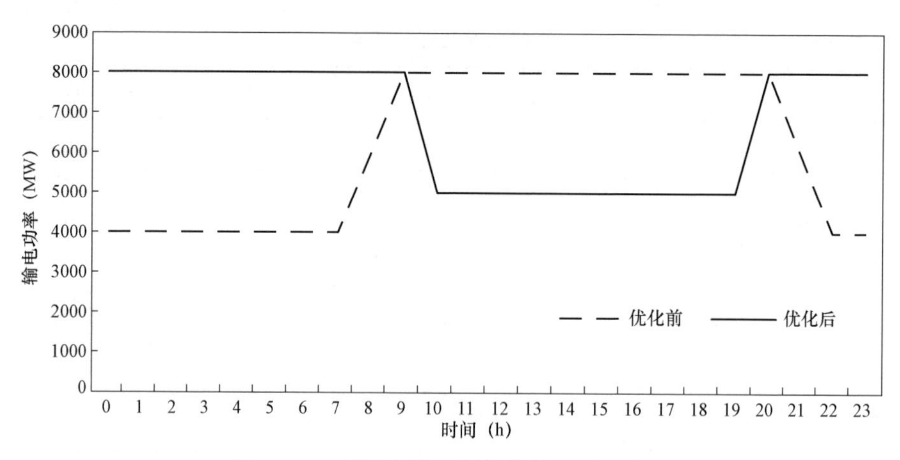

图 6－12　远端直流工程优化前后送电曲线

需要特殊说明的是，该地区海上风电与远方清洁能源出力特性相似，也呈现出夜间出力大，白天出力偏少的特征。这使得在拥有不同类型但具有相似出力特性的清洁能源出力曲线进行优化时，需考虑综合成本最优来实现各种类型电源之间的协同优化。

在满足运行约束、安全约束和环保约束的条件下，根据该地区负荷预测需

求，以系统运行综合成本最小为优化目标，以 24 h 为优化周期，以 1 h 为优化对象，进行协调优化后的直流送电曲线如图 6－12 所示，优化前的电源出力组合如图 6－13 所示，获得的各种机组的协调优化运行方式如图 6－14 所示。经分析，优化后系统综合运行成本降低 5%，为 2.66 亿元。

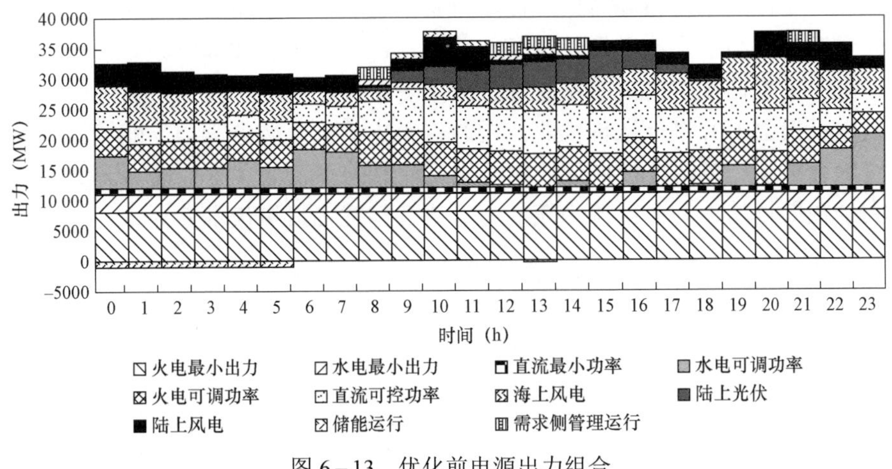

图 6－13　优化前电源出力组合

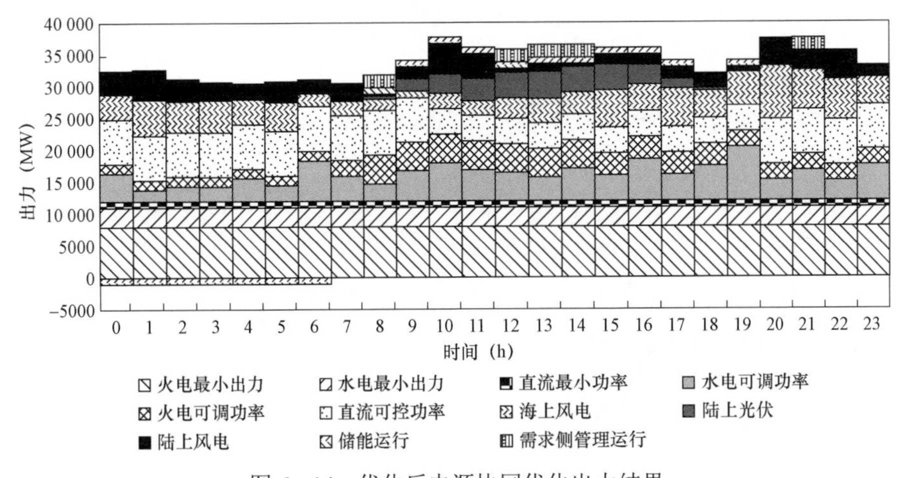

图 6－14　优化后电源协同优化出力结果

6.4.3.3　结果分析

对前述优化结果进行分析，获得优化后综合成本下降的主要原因可归结为包括以下几方面：

（1）传统的输电曲线并未考虑远处清洁能源电价水平，导致该地区在白天接受了满功率的高价电量，而夜间却接受较少的低价电量，而优化后的方案能够充分消纳夜间低价电量，使得综合运行成本降低。

（2）优化运行方式中大量调用了水电等低成本灵活调节资源，使得本地清洁能源得以充分消纳，从一定程度上减少了火电机组反复参与调峰和调频，使得这部分成本降低。

（3）在日间电价较高时段，优化方案中适当调用了储能和需求侧管理等灵活性资源，减小了高价电量使用率，使得这部分成本有效降低。

综上可得，文中提出的系统综合成本多电源协同优化模型，可确定不同类型发电机组出力并进行结构优化，同时也考虑了直流送电策略，能够显著降低系统综合成本。算例分析优化表明，优化前后的系统综合运行成本降低约 5%，达到了预期目的，为多电源系统的方案比选和优化提供技术支撑。

海上风电综合效益评价研究

大规模发展海上风电是未来我国发展清洁能源，提升可再生能源消费占比，履行巴黎气候协定上中国承诺的重要手段，是“十四五”乃至以后很长时期内新能源发展的新增长点。第 3 章调查研究结果表明我国海上风电正处于发展初期，存在诸多问题有待研究解决，其中海上风电发展效益如何评价的问题尤为突出，可反映海上风电发展成效评价，用来判断发展方向和发展节奏是否合理，也是进一步调整优化海上风电项目发展方向和优化决策的重要手段。本章建立了基于主客观赋权的效益评价模型，实现了对海上风电发展项目综合效益的评价分析。

7.1　综合效益评价指标体系

7.1.1　构建原则与框架

（1）构建原则。

1）全面性：全面性原则包括经济效益、环境效益、社会效益等多个角度，全面考察海上风电项目在以上各个方面的影响，既考虑直接效益，也考虑间接效益；既考虑正面的效益，还需要考虑负面的影响，最终能够合理描述海上风电发展带来的多个方面的有益效果。

2）实用性：实用性原则要求与我国电力系统规划的发展现状紧密结合，同时，设置指标时需避免烦琐、庞大的指标群；在数据来源方面，避免难以量化的或非可靠来源的数据。

3）简明性：简明性原则要求在制定指标体系时，需对关键指标进行重点筛选、去繁存精、同时保证各个指标之间的相互独立性。

4）综合考虑主观与客观因素：综合考虑主观与客观因素原则要求在制定指标体系时，一方面要结合人们的主观意识经验与常识性知识，另一方面还要结合客观数据；将主观和客观、定性与定量相结合，并以客观和定量评价为主。

（2）指标体系框架。指标体系框架的建立需要考虑经济、环境和社会效益，同时要考虑后续研究中便于扩展，确保其能够适应不断变化的评价对象。指标体系的基本框架如图 7-1 所示。

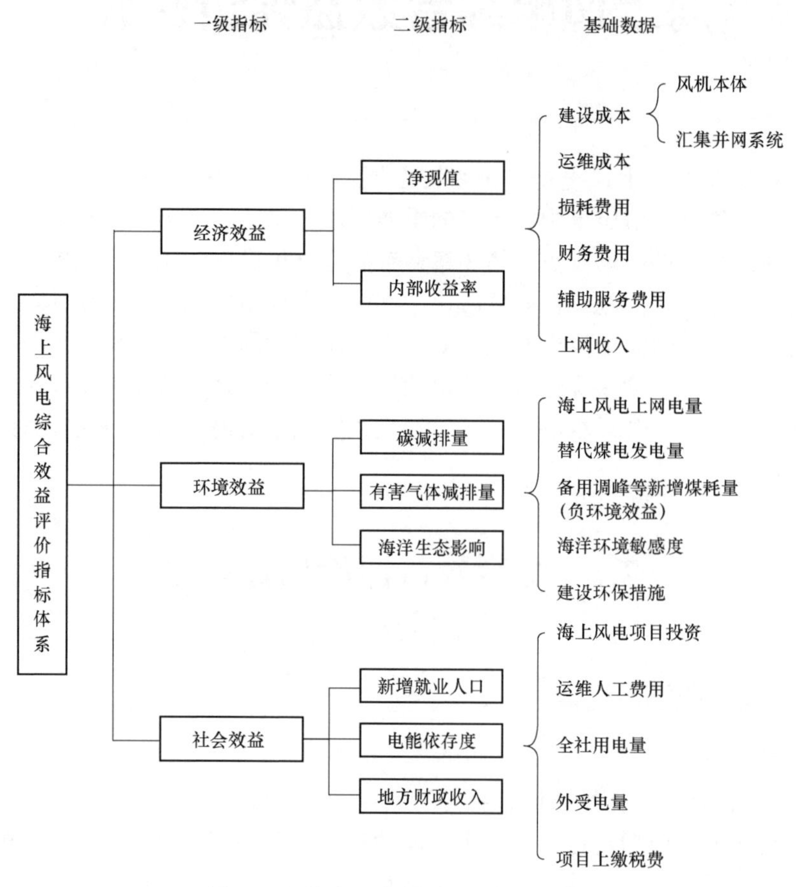

图 7-1　海上风电效益评价指标体系

由于海上风电综合效益评价指标体系涵盖面较大，其中部分内容为已有的指标评价内容外，还包括一些具有创新意义的体系性指标相关内容。将在本节随后内容中详细阐述各指标的概念含义、计算方法及作用。

7.1.2　经济效益类评价指标

7.1.2.1　海上风电建设成本

由于海上风电建设地点位于海边滩涂、浅水或近海等区域，建设环境恶劣、施工难度大，海上风电造价在 16 000～18 000 元/kW，是陆上风电的 2～3 倍。

陆上风电主要成本是发电机组，费用占比 70%左右，汇集升压系统费用占比 12%左右，其余部分成本占比相对较少；而海上风电发电机成本仅占 30%左右，基建、并网汇集和调试成本分别为 20%、15%和 30%左右，三者之和远大于发电机成本，同时海上风电具体成本受到离岸距离、水深、汇集方案等因素影响，与海上风电各项成本费率接近火电。项目建设投资分为固定资产投资、建设期利息和流动资金，其中固定资产投资包括建筑安装工程，设备、工具、器具购置，其他费用三个部分；建设期利息是项目建设过程中贷款部分利息总额；工程流动资金是伴随固定资产投资而发生的流动资金；筹集资金包括资本金和银行贷款，一般资金占比 20%～30%，其余资金来自银行贷款。

7.1.2.2　海上风电运营成本费用

海上风电成本费用还需要进一步考虑海上风电风机的折旧费用、经营成本、利息支出、税费等。

（1）经营成本。经营成本是用全生命周期内经营成本占投资成本的比重来表示，通常海上风电系统维护成本占总投资成本 15%。

（2）折旧费用。折旧费用一般采用折旧期内固定资产价值与综合折旧率的乘积来表示，折旧方式分为平均年限法、工作量法、双倍余额递减法、年数综合法和一次扣除法，不同方式下对应不同的折旧率计算结果。

（3）利息支出。利息支出是指项目建设期和运行期用于偿还贷款利息的支持金额，该值与贷款金额、贷款周期、还款方式与贷款利率有关。

（4）税费支出。税费支出是指电厂发电后，取得项目收入后，需要缴纳增值税、销售税及附加以及所得税。

总结以上是四部分，得到项目运行期间的成本费用如下式计算获得。

$$D=\sum_{t=1}^{t_1}w_1\mathrm{e}^{-it}+\sum_{t=1}^{T_1}w_2\mathrm{e}^{-it}+\sum_{t=1}^{T_2}w_3\mathrm{e}^{-it}+\sum_{t=1}^{t_1}w_4\mathrm{e}^{-it}\qquad(7-1)$$

式中　w_1——经营成本；

w_2——折旧费用；

w_3——利息支出；

w_4——税率支出；
t_1——项目运营期；
T_1——折旧期；
T_2——还贷期；
i——折现率。

7.1.2.3 海上风电收益

海上风电项目的全过程一般包含四个不同阶段：建设期、享受政策补贴期、按合同电价销售期以及按市场价格销售期。在项目收益上，也相应地包含：合同价定价收益、市场价定价收益、政策补贴收益和碳排放交易收益。资产价值现值模型为：

$$V=\sum_{t=t_1+1}^{t_1+t_2} p_1 hM\mathrm{e}^{-it}+\sum_{t=t_1+t_2}^{T_s} p_2 hM\mathrm{e}^{(a-i)t}+\sum_{t=t_1+1}^{t_1+t_3} p_3 hM\mathrm{e}^{-it}+\sum_{t=t_1+1}^{T_s} p_4 hM\mathrm{e}^{-it} \quad (7-2)$$

式中 p_1——合同电价；
p_2——市场电价；
p_3——政策补贴价格；
p_4——碳排放交易价格；
h——海上年平均发电小时数；
M——总装机容量；
t_1——建设期；
t_2——合同期；
t_3——补贴持续时间；
a——通货膨胀率；
i——折现率。

7.1.2.4 经济效益指标计算方法

项目自身的经济性一般采用传统的项目财务评价模型，以净现值（*NPV*）和内部收益率（*IRR*）两个指标来最终描述海上风电项目的可投资性。对于单个项目，考虑初期投入和运营投入，考虑运营期的电价收入、补贴收入以及碳交易收入，进而确定 *NPV* 和 *IRR*。净现值也是传统的衡量这一类项目的标准，投资回报率是反映项目获利指标。

从资金结构上看，在这一基础上，0 时刻项目的 *NPV*：

$$NPV=V_0-I_0-D \quad (7-3)$$

式中 *NPV*——0 时刻项目资产价值；

V_0——项目初始投资成本；

D——运营成本。

$$D=\sum_{t=t_1+1}^{T_N} c_t hM\mathrm{e}^{-it} \tag{7-4}$$

式中　c_t——发电成本。

相应地，考虑净现值为 0，可以得出项目的内部收益率 IRR。

本书采取经济性比较方法中的现金流折现估值模型（discounted cash flow，DCF）将设备维护和折旧费用折算为成本现值。

$$M=C\frac{(1+i)^m-1}{i(1+i)^m} \tag{7-5}$$

式中　M——成本现值；

C——成本年值；

m——生命周期；

i——年利率。

在不考虑海上平台成本的前提下，生命周期 m 取 20；年利率 i 取 5%。

7.1.3　环境效益类评价指标

7.1.3.1　考虑负面影响的减排指标及其计算方法

在以往的新能源环境效益评价中，多用二氧化碳等“有害气体”的减排量作为量化新能源发电环境效益的评价指标。具体地，依据运行经验得到常规火电机组的单位发电煤耗系数 c_{coal}，再获知新能源的实际并网发电量 E_{R}，则可按照下式评估其环境效益。根据调研统计可知，氮氧化物的排放质量约为二氧化硫的十分之一；烟尘的排放质量约为二氧化硫的十倍。

$$Q_{\mathrm{CO_2}}=\frac{44\times c_{\mathrm{coal}}\times E_{\mathrm{R}}}{12} \tag{7-6}$$

$$Q_{\mathrm{SO_2}}=\frac{64\times c_{\mathrm{coal}}\times E_{\mathrm{R}}\times \beta_{\mathrm{SO_2}}}{32} \tag{7-7}$$

$$Q_{\mathrm{NO}_x}\approx\frac{Q_{\mathrm{SO_2}}}{10} \tag{7-8}$$

$$Q_{\mathrm{Dist}}\approx 10\times Q_{\mathrm{SO_2}} \tag{7-9}$$

式中　$\beta_{\mathrm{SO_2}}$——单位质量燃煤中的含硫系数；

$Q_{\mathrm{CO_2}}$——二氧化碳减排量；

Q_{SO_2} ——二氧化硫减排量；
Q_{NO_x} ——氮氧化物减排量；
Q_{Dist} ——烟尘的减排量。

新能源除可替代部分火电机组进而减少二氧化碳、二氧化硫等气体排放外，其出力的间歇性和不确定性则需要系统配置更多备用，也需要火电机组适时参与快速调整出力以满足新能源接入和消纳需求，由此直接地造成系统运行成本的增加并间接地致使部分机组运行在非“最优出力”模式（此处最优既包含发电成本层面也包含环境排放层面），最终导致海上风电的环境效益打了一定的折扣。

为此，在 6.3 节海上风电与远方清洁能源的协同运行优化模型的基础上，提出了一种考虑电力系统运行工况的海上风电环境效益评估指标计算方法。具体如下。

$$Q_{CO_2-new}=\frac{44\times\left(\sum_{i=1}^{T}\sum_{g=1}^{G}c_{coal}^{g}\times p_{gtR}-\sum_{i=1}^{T}\sum_{g=1}^{G}c_{coal}^{g}\times p_{gtS}\right)}{12} \tag{7-10}$$

$$Q_{SO_2-new}=\frac{64\times\left(\sum_{i=1}^{T}\sum_{g=1}^{G}c_{coal}^{g}\times p_{gtR}-\sum_{i=1}^{T}\sum_{g=1}^{G}c_{coal}^{g}\times p_{gtS}\right)\times\beta_{SO_2}}{32} \tag{7-11}$$

$$Q_{NO_x-new}\approx\frac{Q_{SO_2-new}}{10} \tag{7-12}$$

$$Q_{Dist-new}\approx 10\times Q_{SO_2-new} \tag{7-13}$$

式中 c_{coal}^{g} ——各台火电机组的单位发电煤耗系数；
p_{gtS} ——考虑海上风电发电发电时各台火电机组各时段发电量；
p_{gtR} ——未考虑海上风电发电时各台火电机组各时段发电量；
T——时段数；
G——火电机组集合；
Q_{CO_2-new} ——二氧化碳减排量；
Q_{SO_2-new} ——二氧化硫减排量；
Q_{NO_x-new} ——氮氧化物和烟尘的减排量；
$Q_{Dist-new}$ ——烟尘减排量。

本书提出的环境效益评估指标综合考虑了海上风电接入系统后对环境效益的“正面贡献”和“负面影响”，利用 6.3 节海上风电与海上风电调度运行策略分析研究实现对电力系统各台火电机组的排放量精确建模，使得海上风电环境效益的评价更符合实际。

7.1.3.2　生态环境影响指标及其分析方法

开发海上风电需进行海洋环境影响评价，由具备甲级资质的机构进行生态环境影响评价，对海上风电开发评价范围要求为海洋工程甲级或综合甲级。评价结论主要是根据海上风电所在区域功能区划和海洋动植物种类所决定，并根据施工方案判断其对生态环境的影响。评价是主要从功能区性质和工程环境影响两方面进行评价，其中，功能区将海洋划分为农渔业区、港口航运区、工业与城镇化用海区、矿产与能源区、休闲娱乐区、海洋保护区、特殊利用区和保留区。如有项目拟在该区域开发，则评分结果为 0；对于项目位于以上区域以外的项目，根据施工方案及环境影响评价结果，生态环境影响指标主要依据环境影响评价结论，将矿产与能源区、保留区、工业与城镇化用海区、农业渔业区、休闲娱乐区的海上风电项目进行主观评分，评分范围为 0～10 分。具体评分方式见表 7－1 依据表中的评价原则，对海上风电项目环境影响进行评价，获得建设项目对生态环境影响指标评价结果的影响程度，通常的评分结果为 10、7、5 分和 3 分。

表 7－1　生态环境影响指标评价原则　（分）

功能区划/环境影响评价结论	影响较大、保护措施效果一般	影响较大、保护措施效果明显	影响较小、采取措施可消除	影响较小、无需采取特殊措施
港口航运区、海洋保护区以及特殊利用	0	0	0	0
其他区域	3	5	7	10

7.1.4　社会效益类评价指标

海上风电项目开发会给当地社会发展产生积极影响，可增加当地财政收入、拉动本地就业，并且通过开发本地电源，降低电能的对外依存度，提供能源自给率。为此，社会效益评价指标从拉动就业、增加地方财政收入和减低电力依存度三个方面设置评价指标。

7.1.4.1　增加财政收入评价指标

开发海上风电可以拉动地方固定资产投资，根据项目财务评价测算结果，可以统计出项目的上级税费，为了反映项目对当地财政收入的中影响作用，按照年均财政收入占当年本地政府财政收入的比例作为评价项目对财政收入影响的指标，计算公式如下：

$$G_{\mathrm{f}-ji}=\frac{G_{\mathrm{oe}-j}}{G_{\mathrm{city}-i}} \tag{7-14}$$

式中 G_{f-ji} ——i 市第 j 个海上风电项目平均上缴税费占 i 市当年财政收入的比重；

G_{oe-j} ——第 j 个海上风电项目平均上缴税费；

G_{city-i} ——i 市当年财政收入。

7.1.4.2 增加就业人数评价指标

开发海上风电还可以拉动地方人口就业，拉动就业人数的计算方法按照当地建设运维人员平均工资与项目投资人工费用和运维人员费用进行测算，不同项目对增加当地就业人口计算公式如下：

$$S_{f-ji}=\frac{T_{oc-j}}{T_{cc-i}}+\frac{T_{os-j}}{T_{cs-i}} \tag{7-15}$$

式中 S_{f-ji} ——i 市第 j 个海上风电项目在 i 市新增的就业人口；

T_{oc-j} ——第 j 个海上风电项目建设人工费用；

T_{cc-i} ——i 市当年建设工人人均工资；

T_{os-j} ——第 j 个海上风电项目运维人员费用；

T_{cs-i} ——i 市当年运维人员人均工资。

7.1.4.3 降低电力对外依存度评价指标

开发海上风电可以增加本地电力供应，缓解地区电力供应对外的依赖，项目开发带来的效益主要是通过对比分析地区外受入电量比例的差异，以此反映其改善的程度，计算公式如下：

$$H_{ji}=\frac{W_{j1}-W_{j0}}{W_{city-i}} \tag{7-16}$$

式中 H_{ji} ——i 市第 j 个海上风电项目在 i 市降低电力对外依存度评价指标；

W_{j1} ——第 j 个海上风电项目投运后本地电源发电量；

W_{j0} ——第 j 个海上风电项目未投运时本地电源发电量；

W_{city-i} ——i 市当年全社会用电量。

7.2 综合效益评价模型

7.2.1 综合效益评价指标分析

在 7.1 节详细介绍了各指标的定义和计算方法，指标体系中既有极大、极小型指标，但指标体系中各单项指标的单位和数量级往往不同，因此需要对各指标作适当的无量纲化处理，否则可能会导致错误的评价结论。将一致化处理和无量纲化处理合称为指标的“数据预处理”阶段，预处理统一了数据的形式，将由实际统计得来的“生数据”转换为规范化的“熟数据”，为后期各指标的综合效益评价做好准备。

7.2.1.1 指标类型一致化

综合效益评价指标主要包含以下两种类型：

（1）正型：该值期望越大越好，包括经济效益指标、生态环境影响评价指标、社会效益类指标。

（2）负型：该值期望越小越好，包括碳排放量和污染物排放量。

对负型指标 x 按式（7－17）进行处理，便可转化成正型指标 x^*。

$$x^* = \frac{1}{x} \quad (x > 0) \tag{7-17}$$

7.2.1.2 指标无量纲化

采用极值化方法对指标进行无量纲化处理，处理时认为所选指标均按式（7－17）进行了处理，设某一指标 $x_j(j=1,2,\cdots,m)$为极大型指标，其观测值为$\{x_{ij}|i=1,2,\cdots,m;\ j=1,2,\cdots,m\}$。

$$x_{ij}^* = \frac{x_{ij} - \overline{x}_j}{s_j} \tag{7-18}$$

式中 x_{ij}^*—无量纲化样本值；

$\overline{x}_j$——样本平均值；

s_j——样本均方差，$j=1,2,\cdots,m$。

$$x_{ij}^* = \frac{x_{ij} - m_j}{M_j - m_j} \tag{7-19}$$

式中 M_j——被观测样本的极大值；

m_j——被观测样本的极小值。

7.2.2 综合效益评价权重分析

7.2.2.1 权重方法分析

为体现各指标对海上风电发展综合效益重要程度的差异，应分别赋予适当的权重。根据关注点的不同，可将指标权重系数的确定方法分为三类：

（1）根据指标相对重要性程度赋权，可分为客观和主观两大类。客观途径是根据系统的结构比重、机理形成等计算权重系数，不涉及人为主观因素。实际系统中由于在运行过程中或受外部环境影响，或受主观因素影响，更普遍通过主观途径来确定权重系数，然后根据比较信息计算权重系数，常用的方法包括特征值法、层次分析法、G－1 赋权法、G－2 赋权法等。

（2）根据指标数据的离散程度赋权。在对 n 个对象的综合评价中，如果某一项指标的波动程度非常小，那么即使赋以较高权重，其对最终评价结果的影响仍较小。常用的方法包括极差法、熵权法等。

以上两大类方法各有优劣，可以考虑将上述两种方法结合，确保权重系数同时体现决策者的主观信息和数据分布的客观信息。

7.2.2.2 G－1 赋权法

G－1 赋权法是在层次分析法的基础上进行改进。使用 AHP 法时可采用无需检验判断矩阵一致性的 G－1 赋权法，比较尺度表见表 7－2。G－1 赋权法的关键是依据指标的重要性排序，记为 x_1、x_2、…，最终获得指标重要性排序表，记为 X。

表 7－2　　G－1 赋权法比较尺度表

赋值	意义
1.0	x_{k-1} 与 x_k 一样重要
1.2	与 x_k 相比，x_{k-1} 稍微重要
1.4	与 x_k 相比，x_{k-1} 明显重要
1.6	与 x_k 相比，x_{k-1} 强烈重要
1.8	与 x_k 相比，x_{k-1} 极端重要
1.1，1.3，1.5，1.7	上述赋值中间值

通过分析 x_{k-1} 与 x_k，可得其重要程度 r_k 为：

$$r_k = p_{k-1}/p_k,\quad k = 2,3,\cdots,n \tag{7-20}$$

式中　p_k——排序表 X 中第 k 项指标所对应的权重。

进一步可利用式（7－21）计算各项指标的权重：

$$\omega_n = \left(1 + \sum_{k=2}^{n}\prod_{i=k}^{n} r_i\right)^{-1} \tag{7-21}$$

$$\omega_{k-1} = r_k\omega_k,\quad k = n, n-1, \cdots, 2 \tag{7-22}$$

以上即为利用 G－1 赋权法对各项指标赋权的基本步骤。

7.2.2.3　熵权法

熵权法的特点是可根据每个指标观测值所提供信息量大小来确定其指标权重。若系统可能处于多种状态，且每种状态出现的概率分别为 p_i（$i=1, 2, \cdots, m$），则定义熵为：

$$e=-\sum_{i=1}^{m} p_i \ln p_i \tag{7-23}$$

从式（7－23）可以看出，当系统各种状态出现的概率完全相同，即 $p_i=1/m$（$i=1, 2, \cdots, m$）时，该系统的熵最大。假定各指标数据均大于零，则基于熵权法的各权重系数求解过程简要归纳如下：

（1）计算第 j 项指标下，第 i 个对象的特征比重：

$$p_{ij}=x_{ij}\Big/\sum_{k=1}^{m} x_{kj} \tag{7-24}$$

（2）计算第 j 项指标的熵值：

$$e_j=-k\sum_{i=1}^{m} p_{ij} \ln p_{ij} \tag{7-25}$$

其中，$k=1/\ln m$。

（3）计算第 j 项指标的差异性系数：

$$g_j=1-e_j \tag{7-26}$$

（4）确定第 j 项指标的权重系数：

$$q_j=g_j\Big/\sum_{k=1}^{n} g_k \tag{7-27}$$

7.2.3　综合效益评价方法

综合效益评价模型是利用综合效益评价指标体系，搜集计算各指标数据结构，并完成指标的一致化和无量纲化处理后，利用人工赋权法对一级指标进行赋权分析。由于一级指标三个方面分别反映经济、环境和社会三个方面，对于不同的参与方会有不同的侧重点，例如投资者会更加看重经济效益、生态环境部分会更加看重环境效益，而政府发展或社会人群更加注重社会效益，为此，主观赋权法可以有所调整的进行评估；而熵权法是基于原始数据自身特征进行赋权，具有客观性。两者的结合可实现一级、二级指标的权重分析，进而获得综合效益评价结果。

从以上计算过程可以看出，基于熵权法的优势在于能够充分利用样本数据，局限性在于忽略了人的知识与经验，最后计算的权重系数可能大于预先估计值；而 AHP、G－1 法等赋权法的优势在于能够与预期结果较为相符的结果，但其对样本数据利用不够充分。为了解决这一问题，文中将这两个方法结合形成综合赋权法。设 p_j、q_j 分别为基于指标相对重要程度和数据离散程度评判得到的权重系数，则：

$$\omega_j = k_1 p_j + k_2 q_j \tag{7-28}$$

式中 ω_j——综合赋权得到的权重系数；

k_1、k_2——待定常数，需满足 $k_1>0$、$k_2>0$ 且，$k_1+k_2=1$。

7.3 案 例 分 析

7.3.1 仿真数据

利用上述的海上风电项目综合效益评价方法，在这一部分将验证综合效益评价法的可行性和实用性。

由于当前海上风电投运项目较少，且运行时间较短，本书调研了 10 个已投运项目的基础信息进行后评价分析，同时采用更多数据验证本书提出综合效益评价方法的适应性，利用 Python 编程，构造了 100 个海上风电项目，开展综合效益评价；综合文献内容，合理地选定了不同参数的一般变化范围，在对应的范围内为 100 个项目随机取值，给出了 100 个项目对应的投资参数。

通过筛选，可以给出无限多个项目构造的方法，本书选取了其中一次计算结果，在这一次计算结果中，59 个项目或净现值为负，或净现值不合理地过大，或者风险值极低而内部收益率不合理地过大，均予以剔除，仅展示剩余 41 个项目。

10 个项目加上生产的 41 个项目组成 51 个待评价项目的基础资料。

7.3.2 综合效益评价

从{项目容量（MW），总投资（亿元），合同电价［元/（kW·h）］，市场电价［元/（kW·h）］，补贴价格［元/（kW·h）］，碳交易价格［元/（kW·h）］，运营成本价［元/（kW·h）］，建设期限（年），经营期限（年），合同期（年），补贴期（年），年发电小时数（h），折现率，通货膨胀率}出发，给出 51 个项目的经济参数矩阵：

{[79 15.8 0.53…2656 0.10 0.06]
[104 20.8 0.62…2804 0.09 0.06]
[191 38.2 0.52…2656 0.09 0.05]
…
[148 29.6 0.66…2803 0.08 0.05]
[150 30.0 0.68…3154 0.12 0.05]
[159 31.8 0.64…2531 0.09 0.04]}

通过仿真分析和当地资料调研，计算得到了 51 个项目的综合效益评价指标，各项目评价指标结果如表 7－3 所示。针对指标利用熵权法获得客观赋权结果为{0.126，0.126，0.125，0.125，0.122，0.126，0.126，0.123}。

从投资企业的角度出发，认为经济效益最为重要，其次是环境效益，最后是社会效益。按照 G－1 赋权法，三方面的主权权重为{0.6，0.3，0.1}。

按照主观与客观赋权结合的权重分析方法，k_1 为 0.6，k_2 为 0.4。此原则下计算得到八个指标赋权结果为{0.170 4，0.170 4，0.110 2，0.110 0，0.108 9，0.070 4，0.070 4，0.069 2}。

开展案例分析的 51 个项目综合效益评分结果为{0.535，0.597，0.492，0.621，0.596，0.704，0.542，0.638，0.582，0.492，0.574，0.485，0.636，0.634，0.643，0.682，0.574，0.614，0.447，0.540，0.622，0.599，0.710，0.609，0.609，0.579，0.620，0.602，0.627，0.525，0.493，0.628，0.582，0.601，0.704，0.558，0.608，0.539，0.670，0.623，0.577，0.686，0.591，0.632，0.614，0.703，0.660，0.605，0.578，0.676，0.568}。

表 7－3　　综合效益评价指标结果

项目名称	净现值（亿元）	内部收益率	减排二氧化碳量（万 t）	减排有害气体量（万 t）	生态环境影响评价	增加当地财政收入（亿元）	拉动当地就业人口	降低电力依存度（%）
项目 1	1.69	0.08	243	4.4	3	6.54	1.62	0.62
项目 2	2.18	0.07	192	5.8	5	9.13	2.30	0.44
项目 3	1.6	0.08	149	2.7	7	6.10	1.47	0.48
项目 4	2.66	0.1	252	3.6	0	9.35	1.88	0.91
项目 5	1.55	0.06	299	5.8	5	7.66	2.05	0.81
项目 6	2.71	0.12	215	3.6	7	8.31	1.96	0.81
项目 7	2.14	0.09	201	4.1	0	9.57	2.49	0.35
项目 8	2.24	0.08	124	4.7	10	9.91	2.05	0.64

续表

项目名称	净现值（亿元）	内部收益率	减排二氧化碳量（万t）	减排有害气体量（万t）	生态环境影响评价	增加当地财政收入（亿元）	拉动当地就业人口	降低电力依存度（%）
项目9	2.05	0.07	130	3.7	10	8.91	2.30	0.44
项目10	1.71	0.06	164	5.2	7	6.03	1.39	0.11
项目11	2.52	0.08	134	3.0	5	10.87	2.56	0.40
项目12	1.93	0.09	145	2.2	5	6.64	1.95	0.13
项目13	1.96	0.09	287	5.3	5	8.69	2.36	0.42
项目14	2.19	0.09	200	5.4	7	7.22	1.48	0.74
项目15	1.89	0.07	192	6.1	7	9.26	2.52	0.85
项目16	2.43	0.1	286	2.7	10	7.66	1.94	0.59
项目17	2.23	0.1	104	3.2	10	7.75	1.57	0.19
项目18	2.24	0.09	203	1.7	10	7.53	1.80	0.74
项目19	1.87	0.09	109	1.4	0	6.92	1.98	0.78
项目20	1.92	0.07	234	4.2	0	8.03	2.41	0.85
项目21	2.59	0.08	289	2.7	0	11.22	2.85	0.94
项目22	2.16	0.1	249	5.2	0	10.41	3.04	0.15
项目23	2.21	0.11	221	4.9	10	10.42	2.67	0.29
项目24	2.18	0.08	158	2.6	10	8.57	2.19	0.71
项目25	2.13	0.12	241	2.8	7	8.33	1.90	0.05
项目26	2.04	0.09	187	4.8	5	9.14	2.16	0.23
项目27	2.9	0.09	166	4.3	5	10.54	2.33	0.15
项目28	1.93	0.1	139	5.1	5	9.31	1.97	0.67
项目29	2.5	0.1	133	4.7	5	8.64	2.51	0.57
项目30	2.42	0.05	184	5.9	3	8.10	1.68	0.26
项目31	1.89	0.07	206	2.1	3	8.65	2.03	0.50
项目32	2.34	0.1	287	2.6	3	10.34	2.72	0.53
项目33	2.05	0.09	208	4.5	7	7.73	1.92	0.14
项目34	2.19	0.1	126	2.2	7	8.91	2.12	0.91
项目35	2.64	0.1	279	2.4	10	9.80	2.72	0.42

续表

项目名称	净现值（亿元）	内部收益率	减排二氧化碳量（万 t）	减排有害气体量（万 t）	生态环境影响评价	增加当地财政收入（亿元）	拉动当地就业人口	降低电力依存度（%）
项目 36	2.5	0.1	154	2.7	5	8.71	2.43	0.00
项目 37	2.33	0.08	210	3.1	7	10.36	2.97	0.22
项目 38	2.1	0.08	110	3.2	7	9.54	2.61	0.12
项目 39	2.92	0.11	127	5.0	3	11.05	2.83	0.57
项目 40	1.9	0.09	189	5.5	7	7.16	2.23	0.61
项目 41	2.46	0.08	136	1.0	7	11.23	2.61	0.64
项目 42	2.91	0.09	158	2.8	10	10.10	2.06	0.85
项目 43	1.8	0.09	143	2.7	10	8.22	2.56	0.53
项目 44	1.98	0.09	132	5.2	10	9.39	1.96	0.49
项目 45	2.03	0.09	182	4.2	7	6.23	1.80	0.97
项目 46	2.47	0.11	253	4.8	7	10.45	2.59	0.31
项目 47	2.44	0.1	129	3.5	10	10.01	2.20	0.59
项目 48	1.93	0.09	170	5.7	5	6.49	1.78	0.89
项目 49	2.34	0.09	220	2.6	5	9.75	2.32	0.23
项目 50	2.54	0.1	250	6.2	3	8.53	2.30	0.61
项目 51	1.84	0.08	290	5.5	3	7.56	1.74	0.32

7.3.3　结果分析

统计分析 51 个项目的综合效益评价的结果，我们选取综合效益评价结果得分最高的和得分最低的项目进行对比分析，如图 7–2 所示。从图 7–2 中可以看出，项目 6 较项目 19 各方面效益评价结果基本均处于优势，由此可见这两个项目综合效益评价的差异产生的原因主要是项目 19 各方面均不具备优势，尤其是经济项目。

利用项目综合效益评价模型开展海上风电效益评价，评价结果可以用于项目的下阶段优化运行和未来项目的参考分析，通过全面了解海上风电项目的投资运营情况，为下阶段项目开发安排决策提供了基础的技术方法，通过挑选优质的开发项目，可以保障海上风电产业的稳定发展，促进海上风电在未来市场竞争中占住优势地位。

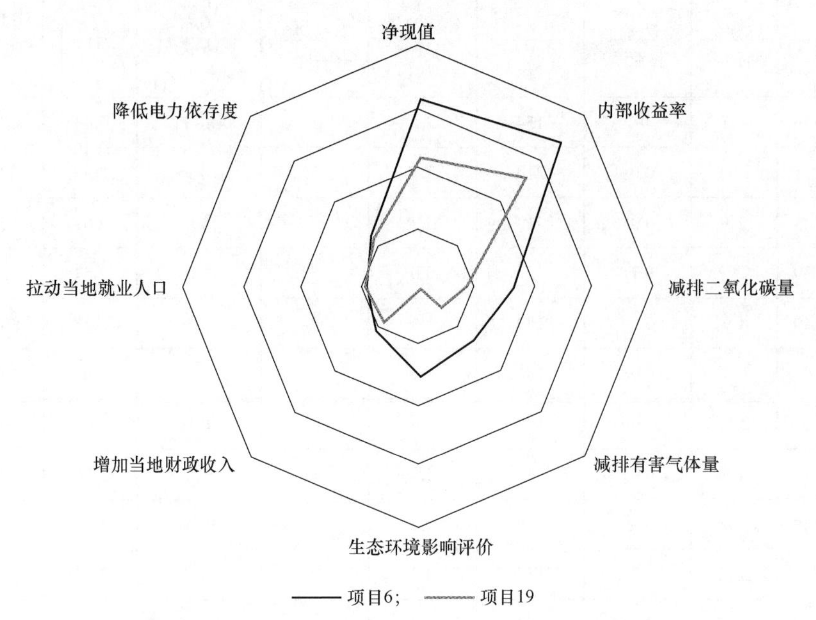

图 7-2　项目 6 与项目 19 综合效益评价结果

第 8 章

我国海上风电未来发展模式及建议

第 3 章至第 7 章分别从我国海上风电开发现状与问题分析、海上风电发展的有序规划、海上风电的并网方式优化、海上风电与多种能源的协同运行优化以及海上风电发展的综合效益评价等多个角度开展了模型和方法研究，形成了技术方法和分析结论。为了进一步有效支持海上风电发展，将研究技术理论成果转化为具有可执行性的策略，本章将从发展模式、发展规划、并网与运行调控、投资决策和行业管理等方面提出具体的发展建议，支持我国海上风电近期以及中远期的科学发展。

8.1 海上风电未来发展模式

8.1.1 海上风电发展主要原则

海上风电是未来我国新能源发展的新增长点，其未来发展模式需秉承“创新、协调、绿色、开放、共享”这五个发展理念，遵循能源发展“四个革命、一个合作”的战略思想，以优化能源结构、转变能源发展方式、防治大气污染、推进生态文明建设为主线，需要坚持以下几大原则。

一是坚持因地制宜、合法合规原则。从海上开发条件实际情况和可再生资源禀赋出发，按照“宜开发则开发、宜预留则预留、宜它用则他用”的原则，充分论证海上风电项目在生态环境、资源水平、消纳条件、辅助成本、电力需求等方面的适宜性，坚决遵守生态红线、功能区划等空间要求，合法合规的开发沿海地区海上风能资源。

二是坚持有序衔接、统筹优化原则。将海上风电作为国家、社会、能源的组成部分，充分做好与国家、各省市社会经济发展规划和能源发展规划的统筹衔接工作。积极统筹确保海上风电发展与省内电源发展、电网发展、负荷增长、受入通道等协调发展，以电网新能源消纳能力为依据评估新能源发展潜力。

三是坚持科学规划、经济合理原则。充分考虑国家产业政策、市场环境、技术创新水平、地区经济水平等因素，遵循“科学决策、滚动发展、分步实施”的理念，综合资源条件与开发环境确定不同区块项目规模和开发时序，注重前瞻性和可操作性。

8.1.2 海上风电发展阶段及主要模式

按照该原则推动海上风电发展，结合《我国“十三五”及中长期能源发展规划》，可将未来海上风电的发展模式分为三个阶段。

第一阶段，主要依靠补贴和政府推动开发项目的计划管理阶段（2030 年之前）。在这一阶段里，海上风电的发展规模主要依托政府规划和指标限制予以控制，具有一定的强制性手段。这一阶段，主要是夯实产业基础，扶持产业链发展。

第二阶段为引入成本竞价的半计划、半市场阶段（2030—2040 年）。随着海上风电成本的下降，海上风电上网电价成本逐步下降，并具备与主要常规电源相同的上网电价水平，预计 2030 年进入该阶段。虽然该阶段已经具备了与常规电源竞争的经济性能力，但由于海上风电的不稳定性，需要其他设施予以调峰调频，采用辅助服务的模式予以支持，该阶段将具有半管控、半市场化的运行方式的特征，新能源管控的手段主要是依托强制性的辅助服务补偿和计划的保障利用小时。

第三阶段是市场主导阶段（2040 年以后）。随着海上风电成本进一步降价以及新型电力市场机制的基本成熟，预计到 2040—2050 年以后，海上风电将较大幅度地低于稳定电源上网电价，并且在考虑通过自建或购买全部辅助服务的基础上，仍能保持海上风电与常规稳定电源的经济性竞争力。届时，海上风电将全面进入市场资源行为阶段，依托市场供需需求和绿证的收益实现项目自负盈亏。

8.2 提升海上风电发展的统筹规划

8.2.1 形成海上风电规划与相关规划的统筹机制

统筹海上风电与陆上风电、沿海核电、沿海电网以及其他能源发展规划；

统筹海上风电与潮汐能、波浪能等其他海洋可再生能源发展规划；统筹海上风电与海洋资源开发与环保之间的关系。结合海洋风能资源的地区性差异、海洋功能性区域划分、地形地貌等不同因素，合理对海上风电开发战略与实施范围进行科学规划，同时需要发挥各级政府、高科技企业和国内外风机制造厂家的积极性，统筹国家级、省市级乃至地区级的发展规划。

8.2.2 实现海上风电发展时序布局的优化

一是建立统一的发展规模管控机制。在规划海上风电发展规模时，全面分析系统负荷特性和系统灵活性资源，详细分析电网的消纳能力，按照以消纳能力定发展规模，以弃电率约束定发展规模的思路落实不同负荷水平下海上风电的发展节奏。在执行过程中，要加强规划龙头引领作用，建立严格执行管控和监督考核机制，组织建立专门的监督机构保障规划的稳定落地，在审核备案、并网评审中予以考核是否超出整体规模。二是形成动态规划调整优化机制。在电力系统中负荷预测和远期功率预测往往存在偏差，需要在海上风电发展过程中对规划管控规模上限进行动态优化。根据负荷增长速度和负荷特性的改善进行动态的海上风电规模调整，可利用未来的云平台技术对可接受海上风电规模进行 5、3 年和 1 年的不同尺度预测，根据滚动规划，确定的不同负荷水平下海上风电发展规模。利用云平台全社会予以公布和宣贯，引导海上风电投资商公平公正的参与项目开发。三是统筹好远近海风电开发的时序。及时跟踪国际海上风电发展动态，积极借鉴国外远海风电资源开发的技术和经验，结合国内远距离大规模柔性直流技术发展，动态调整远海和近海风电开发比重。支持远海试验示范项目尽快启动，以积累技术、队伍和运营经验。

8.2.3 做好海上风电统筹规划所需的平台和支撑保障工作

在政府规划的引领下，政府为海上风电提供的“一站式服务”，主要包括海上风电场的前期调研、资源勘测、环境和选址协商、企业投资咨询、规划建设协调等公共服务，为海上风电投资者做好参谋和助手，有效降低开发成本和避免开发风险，并协调各类参与者之间利益关系，提升企业投资决策的科学性和适应性。政府分期制定相互衔接的海上风电发展计划，提升政府服务效率、培育海上风电发展的良好社会氛围，激发包括地方政府、投资者和运营企业的积极性，推动海上风电快速发展。建立引导海上风电规划所需的数据共享平台，包括投资前期选址、环境生态数据信息的共享，甚至海洋测绘和气象部门联合完成海上风电并网的前期选址、地勘等所需的基础性数据平台工作，由电网企业开放对未来负荷增长和消纳能力的基础数据和指引。

8.3 与多能源协同优化运行方面的建议

8.3.1 提高海上风电功率预测和功率控制准确度

海上风电的随机波动性是电力可靠消纳和稳定运行的最大威胁之一，为消除或尽量减少海上风电出力不确定性对电力系统功率平衡和系统稳定的影响，需要采用先进的风电出力曲线预测技术，保障海上风电的出力曲线得到科学的预测，根据海上风电实时风力、风向和空气密度等指标，实现对海上风电各机组以及风电场出力曲线的准确预测，系统地掌握功率预测结果后，以此为边界条件安排其他可控机组的运行曲线，保障系统最大限度消纳新能源。同时，还需要提高风电机组的功率控制准确度，当系统出现弃风情况时，根据协调优化结果有目的地实施功率控制，需要系统拥有准确的功率控制系统，一旦执行调峰命令或执行被迫弃风时，需要利用该功率控制设备对风电场的出力进行调整，以维持系统的可控性和稳定性。

8.3.2 增加电力系统储能和虚拟电厂等灵活资源

为应对海上风电带来的不稳定性问题，还可以通过提高系统灵活性进行功率曲线平滑控制，使得系统在掌握海上风电或整个系统新能源预测曲线的基础上，具备功率调节手段，例如采用需求侧管理、火电厂出力控制、水电调峰、储能参与调峰、虚拟电厂进行效率平衡管理等手段，实现系统灵活性资源的统一调配，以消除新能源对系统不平衡的影响，特别是当前5G通信技术，人工智能、大数据技术和物联网技术的进步，为进一步挖掘电力系统灵活性提供了先进的智慧手段，也对电力系统促进海上风电等新能源消纳具有尤为重要的作用。

8.3.3 建立智慧电力系统调控运行体系

在电源生产侧与用户侧开展供需互动平衡，实时分析用能侧的需求和供能侧的能力，统筹供需两端灵活性资源，利用智慧系统实现供需实时弹性平衡；在全面预测不同区域供需关系基础上，统筹区域间传输能力，利用智慧系统实现区域间供需平衡；保障源网荷储等环节均处于监控状态，通过有序调控实现电力的稳定供应；新能源波动性和负荷随机性均处于可预测状态，在园区、县、市、省和全国等层面上分别开展灵活资源需求分析，利用智慧系统设置灵活资源运行曲线，在清洁能源高效消纳的同时，达到电力实时平衡、安全供应的效果。

8.4　国家政策及管理策略方面的建议

8.4.1　做好政府服务和海上风电行业监管

由于海上风电开发建设流程复杂、开发权归属等利益关系不确定，涉及不同行业的多个部门，建立海上风电管理机构或综合协调机制，在对海上风电项目严格把关的同时，简化审批流程，实行政府一站式窗口服务，提高审批效率。海上风电开发建设和运行管理具有与陆上风电等可再生能源不同的特点，面对即将到来的海上风电大规模开发与并网，要对已完成建设和计划建设的分布式接入电网的海上项目的技术合规性进行梳理与核查，并对其运行情况进行严格监督，发现问题，及时查明原因并实施整改，必要时定期公开监督结果，确保制定的政策落实到位，有利于海上风电规范有序发展。

8.4.2　制定和完善全产业链扶持政策

海上风电发展的复杂程度、涉及产业链的宽泛性远高于陆上风电。我国海上风电总体仍处于起步阶段，与国外技术存在较大差距，国产海上风机尚未得到长期技术有效验证，相关技术标准也不完善，海上风电安装专用船舶短缺、也无长期运营经验和成本数据积累，铺设海底专用电缆技术和经验不足，需要从全产业链对重点企业予以支持。一是针对薄弱环节加强技术创新投入，加大知识和技术投入力度要坚持走自主研发的道路；二是针对关键短板，加大人才、技术和装备引进力度，特别是对于远海风电大规模风电场开发领域；三是根据中国海洋风能资源具体特点，研发有自主核心技术的产品，同步提升产业链和企业价值，培育我国海上风电产业国际竞争力；四是推动海上风电发展规划、项目落地与地方产业规划绑定。

8.4.3　大力推进海上风电技术创新

技术创新是实现海上风电产业高质量发展的核心推动力。根据欧洲海上风电的发展经验，在依托成熟的制造业供应链和完善的市场机制的基础上，英国、德国、丹麦等国几乎用了 10 年时间，才将海上风电的成本降至零补贴的水平。我国作为海上风电的发展中大国，仍有很长的路要走。应充分借鉴欧洲海上风电技术创新经验，通过增加补贴、设立研究中心、能源研究计划、重大科技课题招标和联合研究等方式，依托我国制造业尤其是风电制造业现有优势，将自主创新和外部引进相结合，制定和实施海上风电重大装备和关键技术的国产化发展规划和路线图，着力提升海上风电核心技术以及发电机、齿轮箱、主轴及叶片等关键设备的主要部件的自主研发及制造能力，提升风电机组在沿海海域的稳定运行能力，研发风电机组专用安装平台，降低运行和维护成本；设置海上风电专用港口、海上风电产业集群和装备产业园区，引导国内外主要组件生产商入驻，发挥集群的规模效应和范围效应，提升技术适应度，不断降低设备成本、物流和组装成本，提升海上风电产业供应链的整体竞争力。

参 考 文 献

[1] 秦海岩.《风电发展“十三五”规划》解读：稳定规模、优化布局、根治弃风、健全市场是实现“十三五”风电健康发展的核心工作［EB/OL］. 新华网，2016.

[2] 全球风能理事会. 2016 年全球风电发展展望报告［R］. 2016.

[3] 辛华龙. 中国海上风能开发研究展望［J］. 中国海洋大学学报（自然科学版），2010，40（6）：147－152.

[4] 水电水利规划设计总院. 中国可再生能源发展报告 2017［R］. 2017.

[5] 国家能源局. 2018 年可再生能源并网运行情况介绍［R］. 2019.

[6] 国家发展改革委，国际能源署. 中国风电发展路线图 2050［R］. 2011.

[7] 国家海洋局. 2017 中国海洋年鉴［M］. 北京：海洋出版社，2017.

[8] 国家发展改革委. 可再生能源发展“十三五”规划［R］. 2015.

[9] 王卲萱，高健，刘依阳. 美国海上风电产业发展现状与对策分析［J］. 海洋经济，2017，7（2）：49－54.

[10] Breton，S P，Moe G. Status，plans and technologies for offshore wind turbines in Europe and North America［J］. Renewable Energy. 2009，34（3）：646－54.

[11] Zhao X G，Ren L Z. Focus on the development of offshore wind power in China：Has the golden period come［J］. Renewable energy，2015，81（7）：644－657.

[12] 吴姗姗，王双，彭洪兵，李锋. 我国海上风电产业发展思路与对策建议［J］. 经济纵横，2017，33（1）：74－79.

[13] 张佳丽，李少彦. 海上风电产业现状及未来发展趋势展望［J］. 风能，2018，9（10）：49－53.

[14] 刘林，尹明，杨方，关朋. 德国海上风电发展分析及启示［J］. 能源技术经济，2011，23（8）：52－57.

[15] Manwell J F，Rogers A L，McGowan J G，et al. An offshore wind resource assessment study for New England［J］. Renewable Energy，2002，27（2）：175－187.

[16] Dawley S，MacKinnon D，Cumbers A.，et al. Policy activism and regional path creation：the promotion of offshore wind in north east England and Scotland［J］. Cambridge Journal of Regions，Economy and Society，2015，8（2）：257－272.

[17] Bilgili M，Yasar A，Simsek E. Offshore wind power development in Europe and its comparison with onshore counterpart［J］. Renewable and Sustainable Energy Reviews，2011，15（2）：905－15.

[18] 苏西. 海上风电：营利堪忧亟待规划［J］. 绿色中国 A 版，2011，30（12）：54－55.

[19] 王晓宁. 海上风电需规划先行 [J]. 高科技与产业化，2009，16（9）：56－58.
[20] 王锡凡，王碧阳，王秀丽. 面向低碳的海上风电系统优化规划研究 [J]. 电力系统自动化，2014，38（17）：4－13.
[21] 易跃春. 中国海上风电规划进程介绍及展望 [J]. 电器工业，2013，14（07）：46－48.
[22] 李峰. 面向高密集度海上和陆上风电接入的区域电网规划模型与方法研究 [D]. 华南理工大学，2017.
[23] 林小雨，江岳文，温步瀛. 基于逼近和牛顿插值法的最佳风电接纳水平确定 [J]. 电力系统保护与控制，2015，43（18）：18－23.
[24] 姜韬韬. 地区电网接纳海上风电能力研究 [D]. 广东工业大学，2015.
[25] 谭茂强，黄伟，车文学，等. 基于改进 Pareto 最优算法的海上风电场多目标微观选址规划 [J]. 电力建设，2017，38（4）：103－111.
[26] 管霖，陈沛东，李峰. 近海风电场接入城市电网规划原则 [J]. 电网技术，2015，39（8）：2135－2140.
[27] 朱光华. 福建省海上风电发展规划探讨 [J]. 能源与环境，2012，19（05）：7－9.
[28] 袁兆祥，罗家松，田雪沁，等. 海上风电供给模型与发展规模预测研究 [J]. 电力建设，2015，36（04）：145－149.
[29] 姜鹏飞. 国内发展海上风电的前景和经济分析[J]. 机电信息，2009.16（24）：101+117.
[30] 施刚，王志冰，曹远志，等. 适用于高压直流传输的海上直流风电场内网拓扑的比较分析 [J]. 电网技术，2014，38（11）：3059－3064.
[31] 李飞飞，王亮，齐立忠. 海上风电典型送出方案技术经济比较研究 [J]. 电网与清洁能源，2014，30（11）：140－144.
[32] 黄玲玲，符杨，郭晓明. 大型海上风电场电气接线方案优化研究[J]. 电网技术，2008，32（8）：77－81.
[33] Sinha N，Chakrabarti R，Chattopadhyay P K. Evolutionary programming techniques for economic load dispatch. IEEE Transactions on evolutionary computation，2003，7（1）：83－94.
[34] Damousis I G，Bakirtzis A G，Dokopoulos P S. Network-constrained economic dispatch using real-coded genetic algorithm [J]. IEEE Power Engineering Review，2007，22（5）：67－67.
[35] 黄晟，王辉，廖武，等. 基于 VSC－HVDC 串并联拓扑结构风电场协调控制策略研究 [J]. 电工技术学报，2015，30（23）：155－162.
[36] 孙君洋，朱淼，高强，等. 大型海上交流风电场内部拓扑优化设计 [J]. 电网技术，2013，37（7）：1978－1982.
[37] 迟永宁，梁伟，张占奎，等. 大规模海上风电输电与并网关键技术研究综述 [J]. 中国电机工程学报，2016，36（14）：3758－3770.

[38] Wang L，Thi M S. Comparative stability analysis of offshore wind and marine-current farms feeding into a power grid using HVDC links and HVAC line [J]. IEEE Transactions on Power Delivery，2013，28（4）：2162－2171.

[39] 赵大伟，马进，钱敏慧，等. 海上风电场经交流电缆送出系统的无功配置与协调控制策略 [J]. 电网技术，2017，41（05）：1412－1421.

[40] 何俊，邓长虹，徐秋实，等. 基于等可信容量的风光储电源优化配置方法 [J]. 电网技术，2013，37（12）：3317－3324.

[41] Ghadi M J，Karin A I，Baghramian A，et al. Optimal power scheduling of thermal units considering emission constraint for GENCOs' profit maximization [J]. International Journal of Electrical Power & Energy Systems，2016，82（11）：124－135.

[42] Papaefthymiou S V，Karamanou E G，Papathanassiou S A. A wind-hydro-pumped storage station leading to high RES penetration in the autonomous island system of Ikaria [J]. IEEE Transactions on Sustainable Energy，2010，1（3）：163－172.

[43] Ummels B C，Pelgrum E，Kling W L. Integration of large-scale wind power and use of energy storage in the Netherlands' electricity supply [J]. IET Renewable Power Generation，2008，2（1）：34－46.

[44] Kaldellis J K，Zafirakis D，Kavadias K. Techno-economic comparison of energy storage systems for island autonomous electrical networks [J]. Renewable and Sustainable Energy Reviews，2009，13（2）：378－392.

[45] Gebretsadik Y，Fant C，Strzepek K，et al. Optimized reservoir operation model of regional wind and hydro power integration case study：Zambezi basin and South Africa [J]. Applied Energy，2016，161（1）：574－582.

[46] Karki R，Hu P，Billinton R. Reliability evaluation considering wind and hydro power coordination [J] IEEE Transactions on Power Systems，2010，25（2）：685－693.

[47] Brekkeb T K A，Yokochi A，Jouanne A.V.，et al. Optimal energy storage sizing and control for wind power applications [J]. IEEE Transactions on Sustainable Energy，2011，2（1）：69－77.

[48] Cardenas R，Pena R，Asher G，et al. Control strategies for enhanced power smoothing in wind energy systems using a flywheel driven by a vector-controlled induction machine [J]. IEEE Transactions on industrial electronics，2001，48（3）：625－635.

[49] DuqueÁ J，Edgardo D，Castronuovo I S，et al. Optimal operation of a pumped－storage hydro plant that compensates the imbalances of a wind power producer [J]. Electric Power Systems Research，2011，81（9）：1767－1777.

[50] Varkani A K，Daraeepour A，Monsef H. A new self-scheduling strategy for integrated operation of wind and pumped-storage power plants in power markets [J]. Applied

Energy，2011，88（12）：5002－5012.

［51］ 李正茂，张峰，梁军，等. 含电热联合系统的微电网运行优化［J］. 中国电机工程学报，2015，35（14）：3569－3576.

［52］ 徐飞，闵勇，陈磊，等. 包含大容量储热的电－热联合系统［J］. 中国电机工程学报，2014，34（29）：5063－5072.

［53］ 黄国日，刘伟佳，文福拴，等. 具有电转气装置的电－气混联综合能源系统的协同规划［J］. 电力建设，2016，37（9）：1－13.

［54］ Zhang Zhaosui，Sun Yuanchang，Gao David Wendong，et al. A versatile probability distribution model for wind power forecast errors and its application in economic dispatch［J］. IEEE Transactions on Power Systems，2013，28（3）：3114－3125.

［55］ Zhang Zhaosui，Sun Yuanzhang，Li Guojie，et al. A solution of economic dispatch problem considering wind power uncertainty［J］. Automation of electric power systems，2011，35（22）：125－130.

［56］ 艾欣，刘晓. 基于可信性理论的含风电场电力系统动态经济调度［J］. 中国电机工程学报，2011，31（S1）：12－18.

［57］ Tang Yi，Cheng Lefeng，Li Zhengjia，et al. Design of economic operation and optimization analysis system based on intelligent area power network［J］. Power Syst.Prot. Control，2016，44（15）：150－158.

［58］ 季峰，蔡兴国，岳彩国. 含风电场电力系统的模糊鲁棒优化调度［J］. 中国电机工程学报，2014，34（28）：4791－4798.

［59］ Ehsan A，Yang Q. State-of-the-art techniques for modelling of uncertainties in active distribution network planning：A review［J］. Applied Energy，2019，45（07）：1509－1523.

［60］ Yu Songyuan，Fang Fang，Liu Yajuan，et al. Uncertainties of virtual power plant：Problems and countermeasures［J］. Applied Energy，2019，45（07）：454－470.

［61］ 舒大松，黄挚雄，李军叶，等. 基于削峰填谷的微电网并网运行的优化调度［J］. 中南大学学报（自然科学版），2015，46（6）：2044－2051.

［62］ 吉小鹏，金强，乔峰，等. 海岛微网能量管理系统的设计与实现［J］. 中南大学学报（自然科学版），2013，44（S1）：420－424.

［63］ Ju Liwei，Zhao Rui，Tan Qinliang，et al. A multi-objective robust scheduling model and solution algorithm for a novel virtual power plant connected with power-to-gas and gas storage tank considering uncertainty and demand response［J］. Applied Energy，2019，45（18）：1336－1355.

［64］ Pandzic H，Kuzle I，Capuder T.Virtual power plant mid-term dispatch optimization［J］. Applied Energy，2013，39（01）：134－141.

［65］ 王雁凌，王晶晶，吴京锴，等. 能效电厂项目的节电潜力优化模型［J］. 电网技术，

2014，38（4）：941－946.

［66］ 谭显东，陈玉辰，李扬，等. 考虑负荷发展和用户行为的分时电价优化研究［J］. 中国电力，2018（7）：136－144.

［67］ 严晓建. 我国海上风电开发投资及相关问题分析［J］. 中国市场，2010，17（15）：15－17.

［68］ 温培刚，赵黛青，廖翠萍，等. 影响海上风电成本收益的重要因素分析及政策建议［J］. 特区经济，2012，33（8）：224－226.

［69］ 李烨. 海上风电项目的经济性和风险评价研究［D］. 华北电力大学，2014.

［70］ 刘芳兵. 山东省海上风电经济社会效益评价［D］. 山东师范大学，2013.

［71］ 罗新华. 责任会计理论的核心：遵循可控性原则［J］. 当代财经，1998，19（8）：40－42.

［72］ 杜栋，庞庆华，吴炎. 现代综合评价方法与案例精选［M］. 北京：清华大学出版社，2008.

［73］ 曾爱民，张纯，魏志华. 金融危机冲击、财务柔性储备与企业投资行为——来自中国上市公司的经验证据［J］. 管理世界，2014，30（1）：155－169.

［74］ 陈衍泰，陈国宏，李美娟. 综合评价方法分类及研究进展［J］. 管理科学学报，2004，7（2）：69－79.

［75］ 苏为华. 多指标综合评价理论与方法问题研究［D］. 厦门大学，2000.

［76］ 张群，韩晓磊，宋光兴. 基于 Vague 集理论的德尔菲法的实施［J］. 统计与决策，2010，1（16）：158－160.

［77］ 万小丽，朱雪忠. 专利价值的评估指标体系及模糊综合评价［J］. 科研管理，2008，29（2）：185－191.

［78］ 许艳秋，潘美芹. 层次分析法和支持向量机在个人信用评估中的应用［J］. 中国管理科学，2016. 24（S1）：106－112.

［79］ 吴松强，孙路，陶娴婷. 基于改进层次分析法的小微企业横向战略联盟创新绩效评价——以中国软件谷（南京）为例［J］. 世界经济与政治论坛，2014，34（6）：84－97.

［80］ 陈明艺，裴晓东. 我国环境治理财政政策的效率研究——基于 DEA 交叉评价分析［J］. 当代财经，2013，34（4）：29－38.

［81］ 李璐，郑亚先，陈长升，等. 风电的波动成本计算及应用研究［J］. 中国电机工程学报，2016，36（19）：5155－5163.

［82］ 张昭丞，郭佳田，诸浩君，等. 基于全生命周期成本的海上风电并网方案优选分析［J］. 电力系统保护与控制，2017，45（21）：51－57.

［83］ 陶冶，时璟丽. 我国海上风电发展形势和电价政策研究［J］. 中国能源，2013，35（6）：25－29.

［84］ 翁振星，石立宝，徐政，等. 计及风电成本的电力系统动态经济调度［J］. 中国电机工程学报，2014，34（4）：514－523.

[85] 王艳君，余贻鑫. 风电场对电力系统运行成本和市场价格的影响［J］. 电力系统自动化，2009，33（5）：19－23.
[86] 常帅帅，刘金平. 基于电力系统供电成本模型的风电场经济性分析［J］. 北方经济，2010，18（20）：10－12.
[87] 耿建，程海花，张凯锋，等. 风电调度接纳成本的等电量顺负荷计算方法及分析［J］. 电力系统自动化，2017，41（20）：38－43.
[88] 肖宁. 对电力系统运营管理中关于成本控制的分析研究［J］. 现代商业，2010，5（24）：93－94.
[89] 范玉妹，徐尔，赵金玲，等. 数学规划及其应用［M］. 北京：冶金工业出版社，2009.
[90] 刘云忠，宣慧玉. 车辆路径问题的模型及算法研究综述［J］. 管理工程学报，2005，28（1）：124－130.
[91] 宋马林，王舒鸿，邱兴业. 一种考虑整数约束的环境效率评价 MOISBMSE 模型［J］. 管理科学学报，2014，11（17）：l69－178.
[92] 刘云忠，宣慧玉. 基于收益－风险双目标规划的随机能力扩张模型［J］. 系统工程理论与实践，2015，35（7）：1678－1688.
[93] Bracken J，Mcgill F J T. The equivalence of two mathematical programs with optimization problems in the constraints［J］. Operations Research，1974，22（5）：1102－1104.
[94] 黄伟. 双层规划理论在电力系统中的应用研究［D］. 浙江大学，2007.
[95] 万仲平，费浦生. 优化理论与方法［M］. 武汉：武汉大学出版社，2004.
[96] 傅英定，成孝予，唐应辉. 最优化理论与方法［M］. 北京：国防工业出版社，2008.
[97] 黄俊辉，汪惟源，王海潜，等. 基于模拟退火遗传算法的交直流系统无功优化与电压控制研究［J］. 电力系统保护与控制. 2016，10（44）：37－43.
[98] 王渤权.改进遗传算法及水库群优化调度研究［D］. 华北电力大学（北京），2018.
[99] 贺一. 禁忌搜索及其并行化研究［D］. 西南大学，2006.
[100] 雷开友. 粒子群算法及其应用研究［D］. 西南大学，2006.
[101] 袁长峰，王万雷，陈燕. 产品定制设计中基于情绪反应的客户感性需求获取与转化方法［J］. 管理工程学报，2011，25（1）：50－57.
[102] 邓聚龙. 本征性灰色系统的主要方法［J］. 系统工程理论与实践，1986，6（1）：48－53.
[103] 牛东晓，赵磊，张博，等. 粒子群优化灰色模型在负荷预测中的应用［J］. 中国管理科学，2007，15（1）：69－73.
[104] 高丹盈. 科研管理的不确定性及其定量化方法［J］. 科研管理，2002，23（1）：103－108.
[105] 李晓峰，徐玖平，王荫清，等. BP 人工神经网络自适应学习算法的建立及其应用［J］. 系统工程理论与实践，2004，24（5）：1－8.
[106] 成志刚，公衍勇. 影响农村社会养老保险制度发展的非经济因素——基于 PEST 模型的分析［J］. 湖南师范大学社会科学学报，2010，55（2）：6－10.

［107］ 中央财经领导小组第六次会议聚焦能源发展［ER/OL］. 2014.
［108］ 国家发展和改革委员会. 关于完善风力发电上网电价政策的通知》（发改价格〔2009〕1906 号）［ER/OL］. 2009.
［109］ 国家能源局. 关于 2018 年度风电建设管理有关要求的通知（国能发新能〔2018〕47 号）［ER/OL］. 2018.
［110］ 国家发展改革委员会. 关于完善风电上网电价政策的通知（发改价格〔2019〕882 号）.［ER/OL］. 2019.5.24.
［111］ 丁虹，刘秦华. 我国风电产业发展因素影响研究及政策建议［J］. 陕西行政学院学报，2019，33（02）：95－100.
［112］ 中国可再生能源学会光伏专业委员会. 2017 年我国光伏技术发展报告［R］. 太阳能. 2019.
［113］ 商立峰. 中国风电发展路径研究［D］. 天津大学，2014.
［114］ 国家发展改革委员会，国家能源局. 关于建立健全可再生能源电力消纳保障机制的通知（发改能源〔2019〕807 号）. 2019.
［115］ 徐丽萍，林俐，等. 基于学习曲线的中国风力发电成本发展趋势分析［J］. 电力科学与工程，2008，24（3）：1－4.
［116］ Söderholm P，Sundqvist T. Learning curve analysis for energy technologies：Theoretical and econometric issues［C］. Annual Meeting of the International Energy Workshop，2003，1－18.
［117］ http://www.escn.com.cn/news/show－418264.html.
［118］ 陈皓勇，谭科，席松涛，等. 海上风电的经营期成本计算模型［J］. 电力系统自动化，2014，38（13）：135－139.
［119］ 国际能源参考，英国政策正阻碍陆上风电发展前景［R］. 2018.
［120］ 姚中原. 我国海上风电发展现状研究［J］. 中国电力企业管理，2019，37（22）：24－28.
［121］ 张和喜，杨静. 贵州区域干旱演变特征及预测模型研究［M］. 北京：中国水利水电出版社，2014.
［122］ 杨华龙，刘金霞，郑斌. 灰色预测 GM（1，1）模型的改进及应用［J］. 数学的实践与认识，2011，41（23）：39－46.
［123］ Yan An，Zhihong Zou，Yanfei Zhao. Forecasting of dissolved oxygen in the Guanting reservoir using an optimized NGBM（1，1）model［J］. Journal of Environmental Sciences，2015，29（1）：158－164.
［124］ 张思俊，陈淑燕. GM（1，1）幂模型的优化方法及其应用［J］. 系统工程，2016，34（8）：154－158.
［125］ 王正新，党耀国，刘思峰，等. GM（1，1）幂模型求解方法及其解的性质［J］. 系统工程与电子技术，2009，31（10）：2380－2383.

[126] 黄银华，彭建春，李常春，等.马尔科夫理论在中长期负荷预测中的应用 [J]. 电力系统及其自动化学报，2011，23（05）：131－136.

[127] 赵玲，许宏科.基于灰色加权马尔可夫 SCGM（1，1）的交通事故预测 [J]. 计算机工程与应用，2012，48（31）：11－15.

[128] 张建华，王昕伟，蒋程，等. 基于蒙特卡罗方法的风电场有功出力的概率性评估 [J]. 电力系统保护与控制，2014，42（03）：82－87.

[129] 中国可再生能源学会风能专业委员会（Chinese Wind Energy Association，CWEA）. 中国风电产业地图 2018 [R]. 2019.

[130] Nobari A，Kheirkhah K，Vahid H. A Pareto－based approach to optimise aggregate production planning problem considering reliable supplier selection. International Journal of Services and Operations Management，2018，29（1）：59－63.

[131] Abido M A. Environmental/economic power dispatch using multiobjective evolutionary algorithms：A comparative study [J]. IEEE Transactions on Power Systems，2003，18（4）：920－925.

[132] Baygi M O，Ghazi R，Monfared M. Applying the min-projection strategy to improve the transient performance of the three-phase grid-connected inverter [J]. ISA transactions，2014，53（4）：1131－1142.

[133] 张容荣，阮新波，陈武. 输入并联输出串联变换器系统的控制策略 [J]. 电工技术学报. 2008，23（8）：1524－1530.

[134] LU Ning. An Evaluation of the HVAC load potential for providing load balancing service [J]. IEEE Transactions on Smart Grid，2012，3（3）：1263－1270.

[135] Wang D，Parkinson S，Miao W，et al. Online voltage security assessment considering comfort－constrained demand response control of distributed heat pump systems [J]. Applied Energy，2012，96（8）：104－114.

[136] Weimers L. HVDC light：a new technology for a better environment [J]. IEEE Power Engineering Review，1998，18（8）：19－20.

[137] 汤广福，罗湘，魏晓光. 多端直流输电与直流电网技术 [J]. 中国电机工程学报，2013，33（10）：8－17.

[138] Bresesti P，Kling W L，Hendriks R L，et al. HVDC connection of offshore wind farms to the transmission system [J]. IEEE Transactions on Energy Conversion，2007，22（1）：37－43.

[139] Chen H，Johnson M H. Aliprantis D.C. Low－frequency AC transmission for offshore wind power [J]. IEEE Transactions on Power Delivery，2013，28（4）：2236－2244.

[140] Prasai A，Yim J S，Divan D，et al. A new architecture for offshore wind farms [J]. IEEE Transactions on Power Electronics，2008，23（3）：1198－1204.

[141] 符杨，吴靖，魏书荣. 大型海上风电场集电系统拓扑结构优化与规划 [J]. 电网技术，2013，39（9）：2553－2558.

[142] 王锡凡，卫晓辉，宁联辉，等. 海上风电并网与输送方案比较 [J]. 中国电机工程学报，2014，34（31）：5459－5466.

[143] 于文华，宋建光，周文静. 基于电压源换流器的高压直流输电技术 [J]. 电气工程学报，2013，8（10）：46－49.

[144] 迟方德，王锡凡，王秀丽. 风电经分频输电装置接入系统中的应用 [J]. 电力系统自动化，2008，32（4）：59－63.

[145] 王锡凡，王秀丽，滕予非，等. 分频输电系统及其应用 [J]. 中国电机工程学报，2012，32（13）：1－6.

[146] Wang Xifan，Cao Chengjun，Zhou Zhichao. Experiment on fractional frequency transmission system[J]. IEEE Transactions on Power System，2006，21（1）：372－377.

[147] 侯云鹤，鲁丽娟，熊信艮，等. 改进粒子群算法及其在电力系统经济负荷分配中的应用 [J]. 中国电机工程学报，2004，24（07）：99－104.

[148] 徐进，韦古强，金逸，等. 江苏如东海上风电场并网方式及经济性分析 [J]. 高电压技术，2017，43（1）：74－81.

[149] 程斌杰，徐政，宣耀伟，等. 海底交直流电缆输电系统经济性比较 [J]. 电力建设，2014，35（12）：131－136.

[150] Wang Yong，Cai Zixing. A hybrid multi－swarm particle swarm optimization to solve constrained optimization problems [J]. Journal of Taiyuan Heavy Machinery Institute，2011，11（1）：295－304.

[151] Bendre A，Wallace I，Luckjiff G A，et al. Design considerations for a soft-switched modular 2.4－MVA medium-voltage drive[J]. IEEE Transactions on Industry Applications，2002，38（5）：1400－1411.

[152] Meyer C，Hoing M，Peterson A，et al. Control and design of DC grids for offshore wind farms [J]. IEEE Transactions on Industry applications，2007，43（6）：1475－1482.

[153] 赵东来，牛东晓，杨尚东，等. 考虑不确定性的风光燃蓄多目标随机调度优化模型 [J]. 湖南大学学报（自然科学版），2018，45（4）：138－147.

[154] Bessa R J，Matos M A，Costa I C，et al. Reserve setting and steady-state security assessment using wind power uncertainty forecast：A case study [J]. IEEE Transactions on Sustainable Energy，2012，3（4）：827－836.

[155] 张贵涛，夏向阳，王锦泷，等. 光伏系统中全局最大功率点的优化 [J]. 中南大学学报（自然科学版），2015，46（11）：4077－4082.

[156] 电力规划设计总院. 中国电力发展报告 2018 [M]. 北京：中国电力出版社，2019.

[157] 孙亚，肖晋宇，彭冬，等，考虑安全约束的未来输电网利用率评估 [J]. 电网技术，

2016，40（12）：214－220.

［158］ Wu Weiping，Hu Zechun，Song Yonghua，et al. Transmission network expansion planning based on chronological evaluation considering wind power uncertainties［J］. IEEE Transactions on Power Systems，2018，33（5）：4787－4796.

［159］ Ju Liwei，Tan Zhongfu，Yuan Jinyun，et al. A bi-level stochastic scheduling optimization model for a virtual power plant connected to a wind-photovoltaic-energy storage system considering the uncertainty and demand response［J］. Applied Energy，2016，171（1）：184－199.

［160］ Tan Zhongfu，Ju Liwei，Reed Brend，et al. The optimization model for multi-type customers assisting wind power consumptive considering uncertainty and demand response based on robust stochastic theory［J］. Energy Conversion and Management，2015，105（1）：1070－1081.

［161］ Bahrami S，Safe F. A financial approach to evaluate an optimized combined cooling, heat and power system［J］. Energy and Power Engineering，2013，5（05）：352.

［162］ 李国臣，乔非，王俊凯，等. 考虑能耗约束的并行机组批调度［J］. 中南大学学报（自然科学版），2017，48（8）：2063－2072.

［163］ Tan Zhongfu，Ju Liwei，Li Huanhuan，et al. A two-stage scheduling optimization model and solution algorithm for wind power and energy storage system considering uncertainty and demand response［J］. International Journal of Electrical Power & Energy Systems，2014，63（1）：1057－1069.

［164］ 高升，刘佰琼，徐敏. 典型海洋开发活动经济产出与资源环境综合效益评估分析［J］. 海岸工程，2017，36（1）：72－76.

［165］ 陈淡宁. 企业投资资金筹措的合理规模及其确定［J］. 中南财经政法大学学报，2000，43（5）：70－72.

［166］ 俞钟祺，马秀兰. 固定资产折旧方法比较［J］. 数理统计与管理，2000，29（1）：46－50.

［167］ 王涛. 现金流量折现模型下企业价值评估的实证研究［D］. 西华大学，2010.

［168］ 袁雯琪，宁志贤. 我国煤炭消费碳排放测算及减排对策［J］. 经济研究导刊，2015，11（17）：85－87.

［169］ 栾维新，阿东. 中国海洋功能区划的基本方案［J］. 人文地理，2002，29（3）：93－95.

［170］ 汪泽焱，顾红芳，益晓新，等. 一种基于熵的线性组合赋权法［J］. 系统工程理论与实践，2003，23（3）：112－116.

［171］ 张荣，刘思峰，刘斌. 基于离差最大化客观赋权法的一般性算法［J］. 统计与决策，2007，23（4）：29－31.

［172］ 邢铮. 火力发电项目资源环境绩效综合评价［D］. 华北电力大学（北京）.

[173] 程启月. 评测指标权重确定的结构熵权法[J]. 系统工程理论与实践，2010，30(7)：1225-1228.

[174] 周荣喜，范福云，何大义，等. 多属性群决策中基于数据稳定性与主观偏好的综合熵权法 [J]. 控制与决策，2012，27 (8)：1169-1174.

[175] 章穗，张梅，迟国泰. 基于熵权法的科学技术评价模型及其实证研究 [J]. 管理学报，2010，7 (1)：34-42.